普通高等教育艺术设计类“十三五”规划教材

环境设计制图（第二版）

梁俊　杨雪　编著

·北京·

内 容 提 要

本教材针对普通高等院校环境艺术设计、景观艺术设计专业设计制图课程教学的要求，结合作者多年教学经验，精心编写而成。教材特点在于将室内设计施工图与景观设计施工图基于建筑制图基础之上来阐述，便于学习者理解和应用。本教材内容包括：制图的基础知识、制图规范、建筑及室内设计施工图、景观设计制图4个部分。

本书可作为高等院校环境艺术设计、景观艺术设计等相关专业教材，也可供室内、环境、景观设计等从业人员参考使用。

图书在版编目（CIP）数据

环境设计制图 / 梁俊，杨雪编著. -- 2版. -- 北京：中国水利水电出版社，2019.9（2024.3重印）
普通高等教育艺术设计类“十三五”规划教材
ISBN 978-7-5170-7952-1

Ⅰ. ①环… Ⅱ. ①梁… ②杨… Ⅲ. ①环境设计－建筑制图－高等学校－教材 Ⅳ. ①TU204

中国版本图书馆CIP数据核字(2019)第189115号

书　　名	普通高等教育艺术设计类“十三五”规划教材 **环境设计制图（第二版）** HUANJING SHEJI ZHITU
作　　者	梁俊　杨雪　编著
出版发行	中国水利水电出版社 （北京市海淀区玉渊潭南路1号D座　100038） 网址：www.waterpub.com.cn E-mail：sales@mwr.gov.cn 电话：（010）68545888（营销中心）
经　　售	北京科水图书销售有限公司 电话：（010）68545874、63202643 全国各地新华书店和相关出版物销售网点
排　　版	中国水利水电出版社微机排版中心
印　　刷	清淞永业（天津）印刷有限公司
规　　格	210mm×285mm　16开本　9印张　219千字
版　　次	2012年10月第1版　2012年10月第1次印刷 2019年9月第2版　2024年3月第2次印刷
印　　数	3001—5000册
定　　价	**38.00**元

第二版前言

图纸是设计师表达设计思想的最基本语言，也是同行交流的载体，更是最终实现设计、施工的重要依据。不论是借助传统绘图仪器还是现代化设计工作，掌握设计制图的原理和方法都是学习环境艺术设计的前提。

此书编写建立在建筑设计制图的基础之上，以“看得懂、学得会、能制图”为原则，全面阐述设计制图基本体系。针对艺术类高等院校学生所编写的环境艺术设计制图教材，因此在结构、设备、电气、给排水施工图方面作了一些省略。内容主要有手绘图工具介绍、投影理论、几何作图法、制图基本规范、轴测图、透视图等；并着重介绍了室内设计制图、景观设计制图等方面的内容，总结多年的设计制图教学经验，加入新的教学理念，引导式的由浅入深讲授制图知识。

本书是以 2005 年中国水利水电出版的《设计制图》为基础，2012 年改版的《环境设计制图》之上修订而成。

编写中参阅了许多著作和教材，在此特向有关工作者和编者表示衷心的感谢。由于本人才疏学浅，时间匆忙，难免有不妥之处，恳请广大读者和专家指正。

编　者

2019.3.16

第一版前言

图纸是设计师表达自己设计思想的最基本的语言。我们编著此书的目的在于帮助那些学习室内设计和景观设计以及产品设计的学生们及热衷于此项事业的朋友们能够正确、完整、规范地表达设计方案。

制图是学习设计的基础，也是同行交流的载体，更是最终施工的重要依据。不论是借助传统绘图仪器还是现代化设备工作，掌握设计制图技法及其规范都是十分重要的前提。

本书是针对艺术类高等院校学生所编写的环境艺术设计制图教材，因此在结构、设备、电气、给排水施工图方面作了一些省略。本书的编写是建立在建筑设计的延续及深入的思路上，把室内设计施工图和景观设计制图技法构筑在建筑制图的基础之上，并考虑到设计的多样性等特点，总结多年设计制图教学实践经验，加入新的教学理念，引导式地由浅入深讲授基础理论。

本书是以2005年中国水利水电出版社出版的《设计制图》为基础，结合新规范、新方法、新案例予以全新修订而成。在编写中尤其感谢湖北博克景观工程有限公司的支持，为本书提供了景观施工图的实例。

本书编写中参阅了许多著作或教材，在此特向有关工作者表示衷心感谢。由于本人才疏学浅，时间匆忙，难免有不妥之处，恳请广大读者和专家指正。

编　者

目录

第四部分　景观设计制图/107

参考文献/137

导　入

● 为什么要学制图？

什么是制图？字典里的解释是：把实物或想象的物体的形状按一定比例和规则在平面上描绘出来。

正如不同的国家使用不同的语言来表达人的情感、思维及意图；不同的职业也在使用不同的语言。例如：数学家的语言是公式和符号；音乐家的语言是音符和旋律；舞蹈家的语言是肢体和动作。而图纸就是表达设计师的重要语言！

● 设计与制图的关系

从草图构思、方案表现到施工文件，图纸表达的方式都贯穿在设计的全过程里。所以，制图技能在设计师的设计职业生涯中可谓举足轻重。

● 制图学些什么？制图怎么学？

图纸是一种视觉语言，学习制图实际就是学习一种图示的语言。环境艺术设计制图主要是针对室内设计和景观设计的制图，它们是基于建筑制图上的制图语言。制图的学习可以分为“原理认知”“读图识图”“绘图应用”三个阶段。

只有准确掌握制图的方法，设计者才能顺利表达和展现自己的设计思想。所以制图基础是环境艺术设计相关专业必须掌握的基础知识，并且要熟练运用。

通过本书的讲述，希望培养读者的识图绘图能力，并通过实践，培养其空间想象能力。希望达到以下目标：

1. 学习各种投影法（主要是正投影法）的基本理论及其应用。
2. 培养绘制和阅读图纸的能力。
3. 培养空间几何问题的图解能力。
4. 培养空间想象能力和空间分析能力。
5. 掌握室内设计制图或景观设计制图。
6. 培养对设计工作认真负责的态度和严谨细致的工作作风。

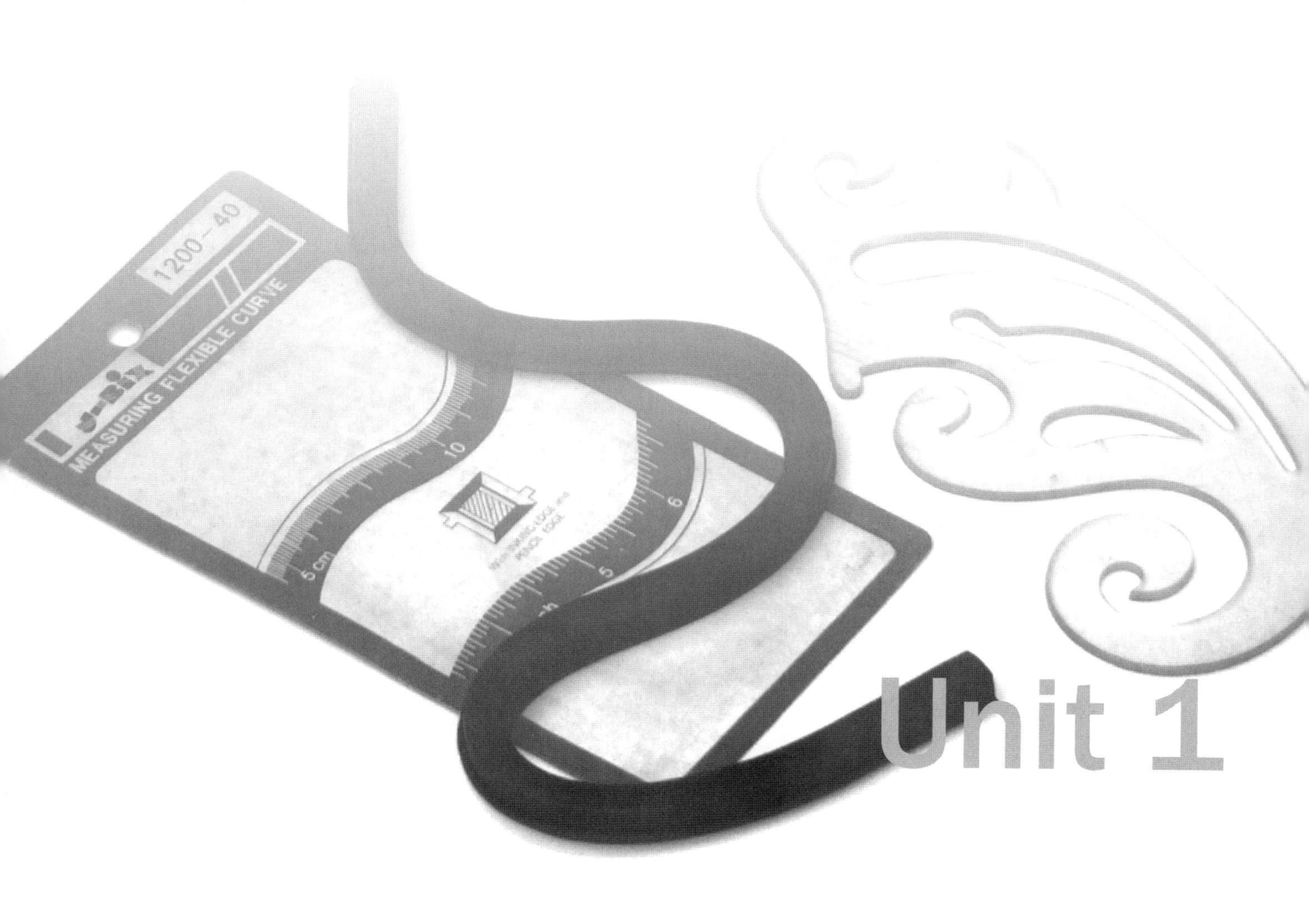

Unit 1

第一部分 制图的基础知识

第一节 学习前的准备

制图基本工具和用法：

首先了解一下各种绘图的工具（图 1–1–1）及用法。

1. 铅笔与针管笔（图 1–1–2）

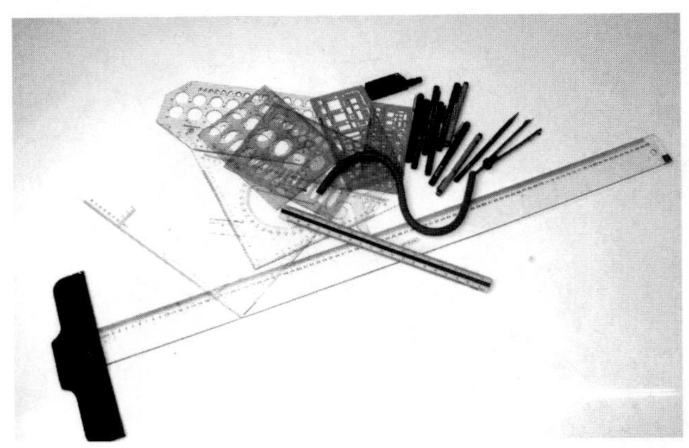

图 1–1–1 绘图工具

图 1–1–2 铅笔与针管笔

（1）铅笔：绘图铅笔有木铅笔和自动铅笔两种。铅芯有不同的硬度。标号有 B、2B、……、6B 表示软芯；标号 H、……、6H 表示硬铅芯。标号 HB 表示不软不硬。

（2）针管笔：用于正图勾线，有一次性的和反复灌墨水使用的针管笔。灌墨水使用的针管笔使用寿命较长。口径为 0.1 ~ 0.9mm。在实际使用中通常以单号或双号来购买，比如 0.1mm、0.3mm、0.5mm 等，或 0.2mm、0.4mm、0.6mm、0.8mm 等。

2. 工具尺

（1）丁字尺：由互相垂直的尺头和尺身构成，它是用来画平行线的工具尺。

（2）三角板：一副三角板有 30° × 60° × 90° 和 45° × 45° × 90° 两块。

所有直线，不论长短，都要用三角板和丁字尺配合画出，见图 1–1–3、图 1–1–4。

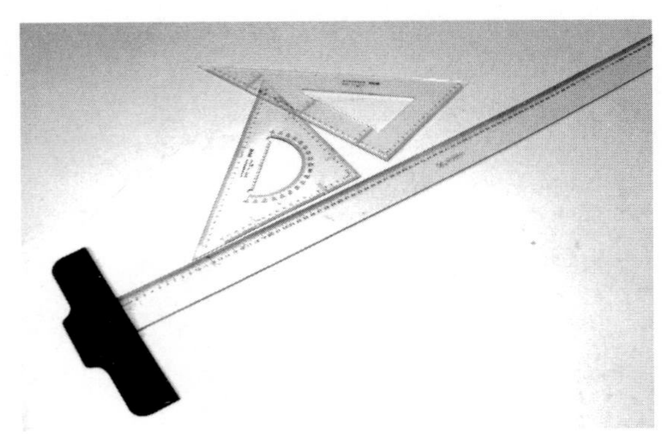

图 1–1–3 丁字尺与三角板

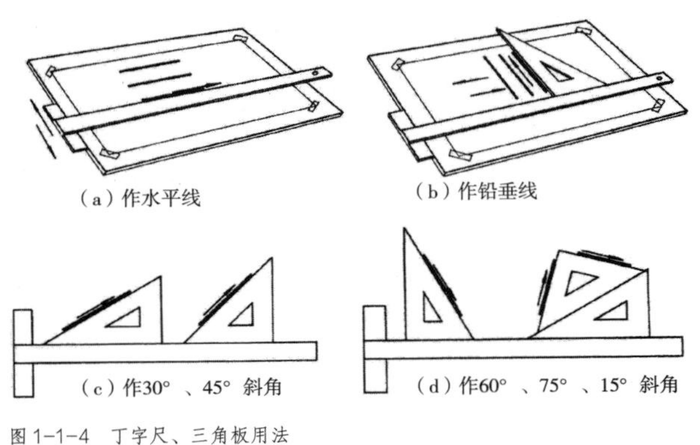

图 1–1–4 丁字尺、三角板用法

画线时先推丁字尺到线的下方，将三角板放在线的右方，并使它的一角边靠贴在丁字尺的工作边上，然后移动三角板，直到另一直角边靠贴铅垂线。再用左手轻轻按住丁字尺和三角板，右手持铅笔，自上而下画出铅直线。用一副三角板和丁字尺配合起来，可以画出水平线成 15° 及其倍数角（30°、45°、60°、75°）的斜线，见图 1–1–4。

（3）比例尺：建筑物和设计实体的形体比图纸大的多。它的图形不可能也没有必要按实际的尺寸画出来。应该根据实际需要和图纸的大小，选用适当的比例将图形缩小。比例尺就是用来缩小（也可以用来放大）图形的制图工具。有的比例尺做成三棱状，所以又称三棱尺，见图 1–1–5。

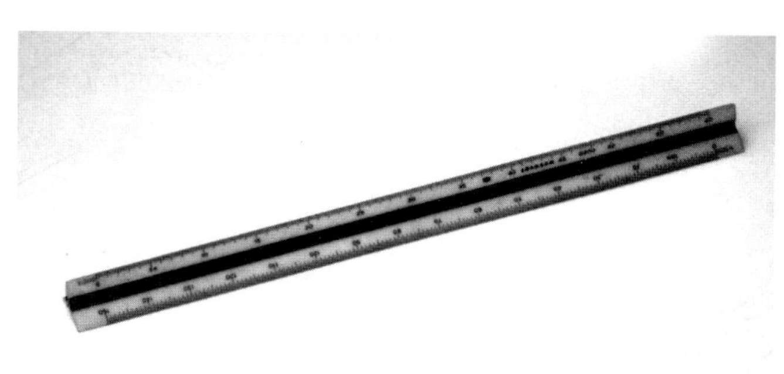

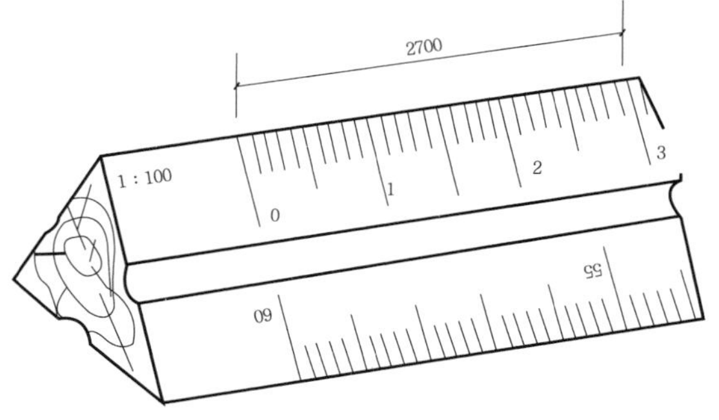

图 1–1–5　比例尺及其用法（单位：m）

尺上有 6 种刻度，分别表示 1 ： 100、1 ： 200、1 ： 300、1 ： 400、1 ： 500、1 ： 600 6 种比例。有的比例尺做成直尺形状，又叫做直比例尺，它只有一行刻度和三行数字，表示三种比例，即 1 ： 100、1 ： 200、1 ： 500。

3. 建筑模板

在室内设计和景观设计制图中主要用来画各种建筑标准图例和常用符号，如柱子、门、大便器、家具、详图索引符号、标高符号等。模板刻有可以用以画出不同图例或符号的孔，其大小已符合一定比例，只要用笔在孔内画一周，图例就可画出来了，见图 1–1–6。

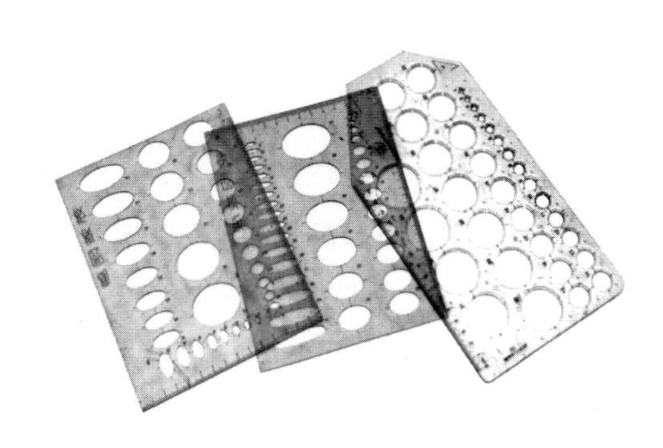

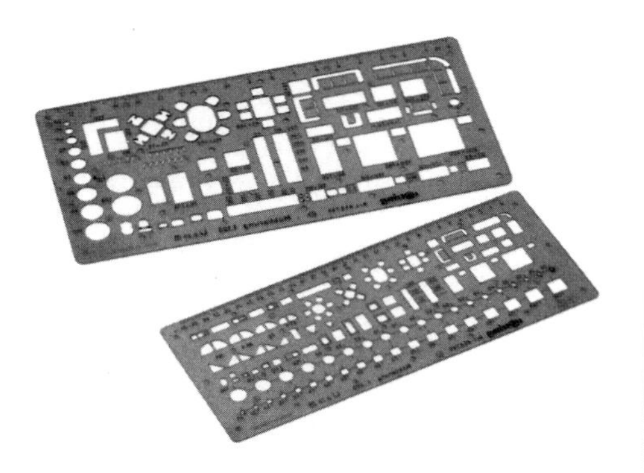

图 1–1–6　建筑模板

4. 曲线工具

一般有两种，一种是曲线板；一种是蛇尺。蛇尺可以随意弯曲到适合的曲线，然后沿尺画线即可，见图 1–1–7。

5. 圆规与分规

圆规是画圆的工具，见图 1–1–8。在画圆时，应使针尖固定在圆心上，尽量不使圆心扩大。

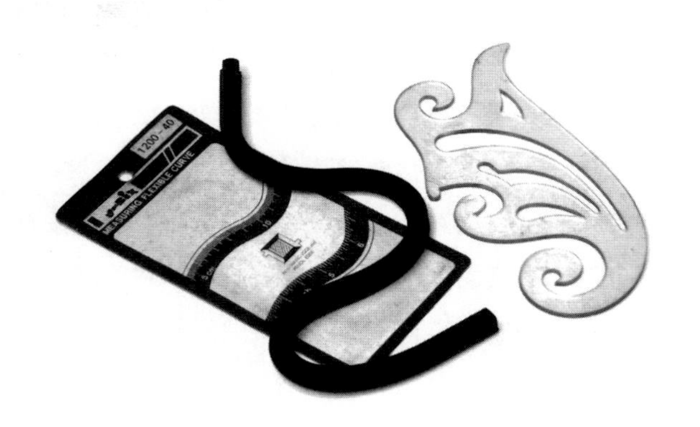

图 1-1-7 蛇尺和曲线板

图 1-1-8 圆规

分规（图 1-1-9）有两个用处，一是用来等分一段直线或圆弧；另一用处是用来定出一系列相等的距离。例如要在平面图上定出多个相等的墙厚、窗宽、门宽等，可用分规分别量出其宽度，移置各处，见图 1-1-10。

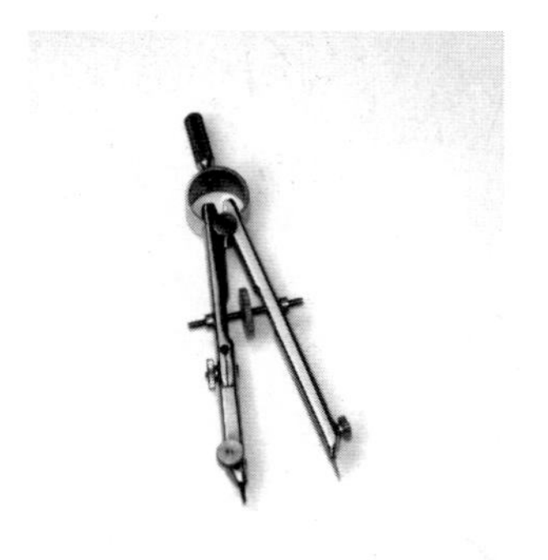

图 1-1-9 分规

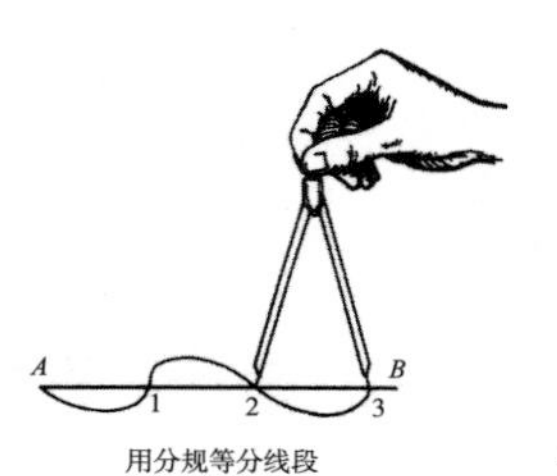

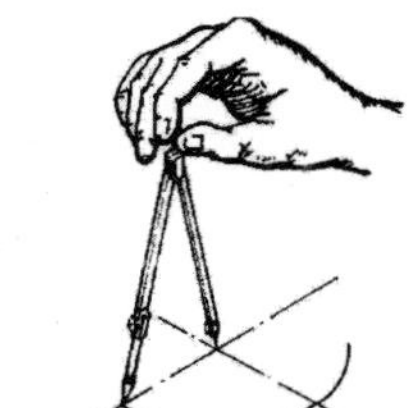

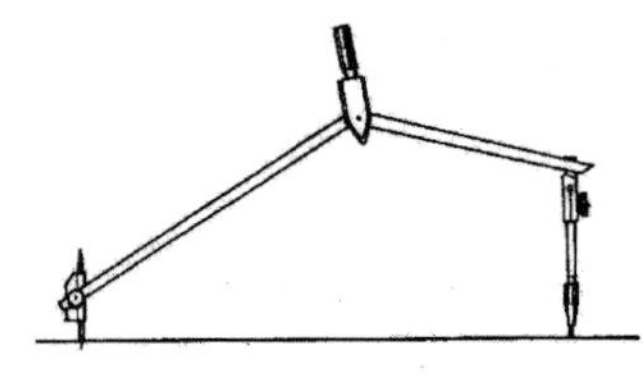

图 1-1-10 圆规与分规的用法

第二节 制图的基本原理

一、空间投影理论

生活中人们通常所见的图画一般都是立体图，这种图和实际物体所得到的印象比较一致，容易看懂。但是这种图不能把物体的真实形状、大小准确地展现出来，不能满足工程制作或施工的要求，更不能全面地表达设计者的意图。只有通过投影方法来反映物体。

因此学习制图知识之前必须掌握正投影的基本原理和投影特征；掌握点的投影规律及投影作图的方法；掌握各种位置直线、面的投影特性及投影作图的方法；了解曲线、曲面等的基本知识。

（一）投影的基本概念

人们在日常生活中经常看到这样的自然现象——光线照射物体，在墙面或地面上产生影子；当光线照射角度或距离改变时，影子的位置、形状也随之改变。人们从这些现象中认识到光线、物体和影子之间存在着一定的内在联系。例如灯光照射桌面，在地上产生的影子比桌面大，如图 1-2-1（a）所示，如果灯的位置在桌面的正中上方，它与桌面的距离越远，则影子越接近桌面的实际大小。可以设想，把灯移到无限远的高度（夏日正午的阳光比较近似这种情况），即光线相互平行并与地面垂直，这时影子的大小就和桌面一样了，如图 1-2-1（b）所示。

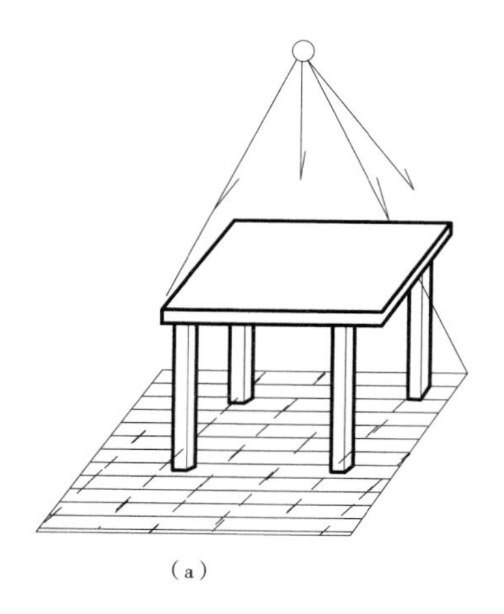
（a）

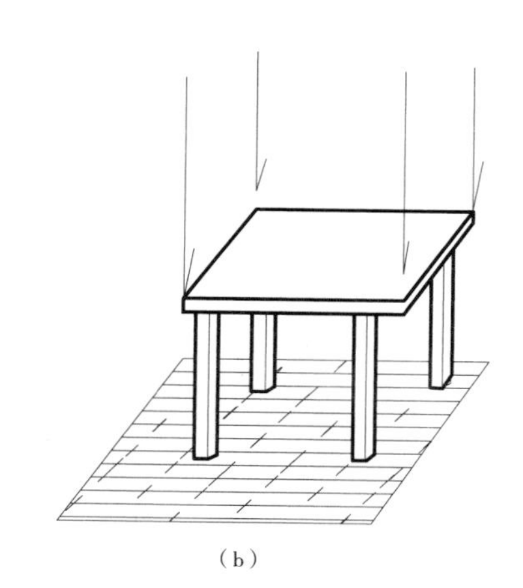
（b）

图 1-2-1　光线、物体和影子之间的关系

投影原理就是从这些概念中总结出来的一些规律，作为制图方法的理论依据。在制图中把表示光线的线称为投影线，把落影平面称为投影面，把所产生的影子称为“投影”图。

由一点放射的投射线所产生的投影称为中心投影，见图 1-2-2（a）。由相互平行的投射线所产生的投影称为平行投影。根据投射线与投影面的角度关系，平行投影又分为两种：平行投射线与投影面斜交的称为斜投影，见图 1-2-2（b）；平行投射线垂直于投影面的称为正投影，见图 1-2-2（c）。

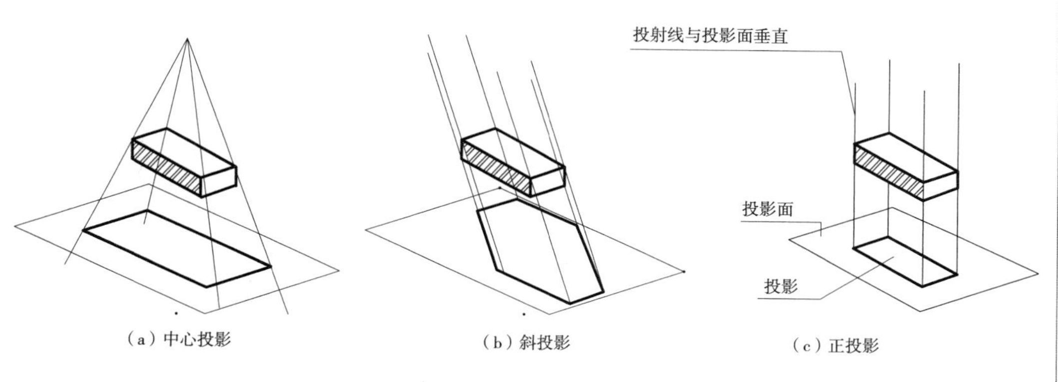

（a）中心投影　（b）斜投影　（c）正投影

图 1-2-2　各种投影方式

一般的工程图纸，都是按照正投影的概念绘制的，即假设投射线互相平行，并垂直于投影面。为了把物体各面和内部形状变化都反映在投影图中，还假设投射线是可以透过物体的，见图 1-2-3。

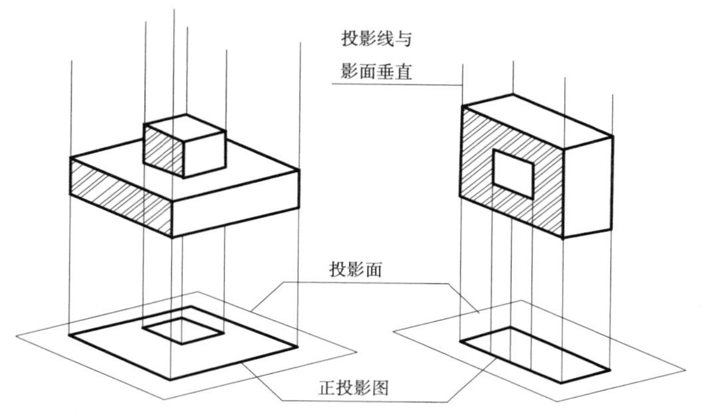

图 1-2-3　正投影图的形成

1. 点、线、面的投影

(1)点的正投影规律。

点的正投影仍是点，如图 1-2-4 所示。

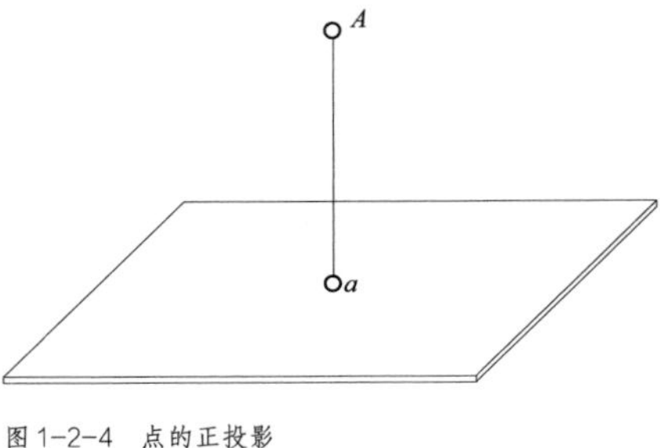

图 1-2-4 点的正投影

(2)直线的正投影规律。

1)直线平行于投影面，其投影是直线，反映实长，如图 1-2-5(a)所示。

2)直线垂直于投影面，其投影仍是直线，但长度缩短，如图 1-2-5(b)所示。

3)直线倾斜于投影面，其投影仍是直线，但长度缩短，如图 1-2-5(c)所示。

4)直线上一点的投影，必在该直线的投影上，如图 1-2-5(a)~(c)所示。

5)一点分直线为两线段，其两段投影之比等于两线段之比，称为定比关系。图 1-2-5 中，ac : ab = AC : AB。

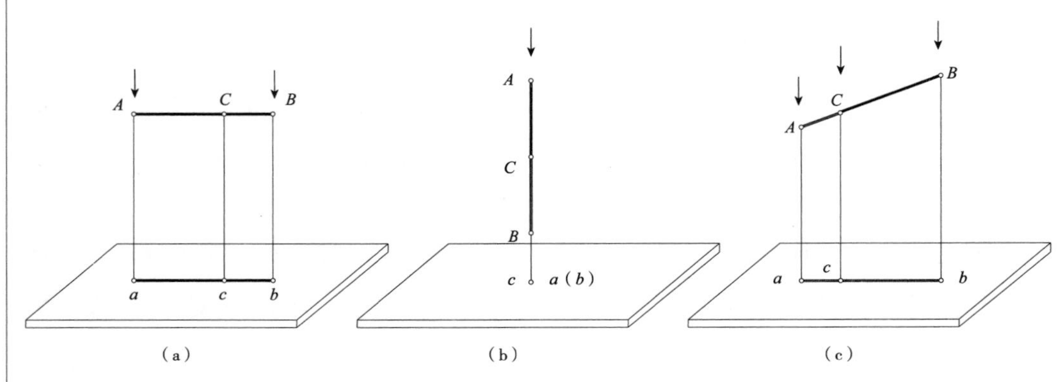

图 1-2-5 直线的正投影

(3)平面的正投影规律

1)平面平行于投影面，投影反映平面实形，即形状、大小不变，如图 1-2-6(a)所示。

2)平面垂直于投影面，投影积聚为直线，如图 1-2-6(b)所示。

3)平面倾斜于投影面，投影变形，面积缩小，如图 1-2-6(c)所示。

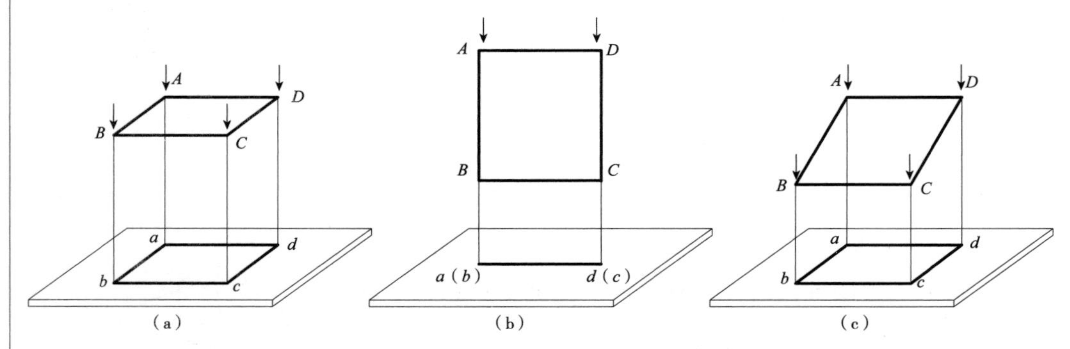

图 1-2-6 平面的正投影

2. 投影的积聚与重合

(1)一个面与投影面垂直，其正投影为一条线。这个面上的任意一点或其他图形的投影也都积聚在这一条线上，见图 1-2-7(a)。一条直线与投影面垂直，它的正投影成为一点，这条线上的任意一点的投影也都落到这一点上，见图 1-2-7(b)。投影中的这种特性称为积聚性。

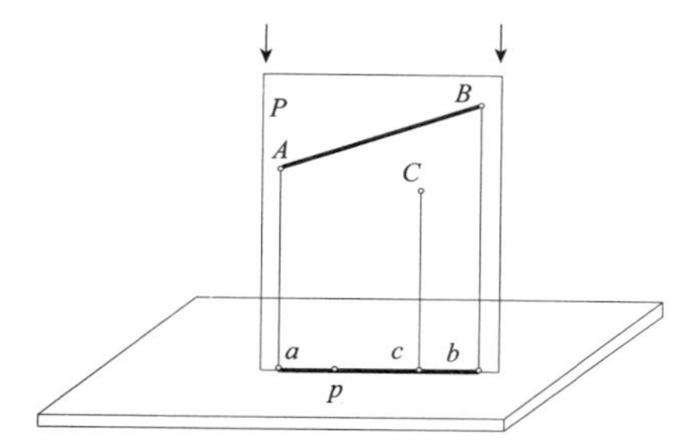

（a）P面的投影积聚为直线。P面上的AB线和C点的投影也都积聚在P面的投影上

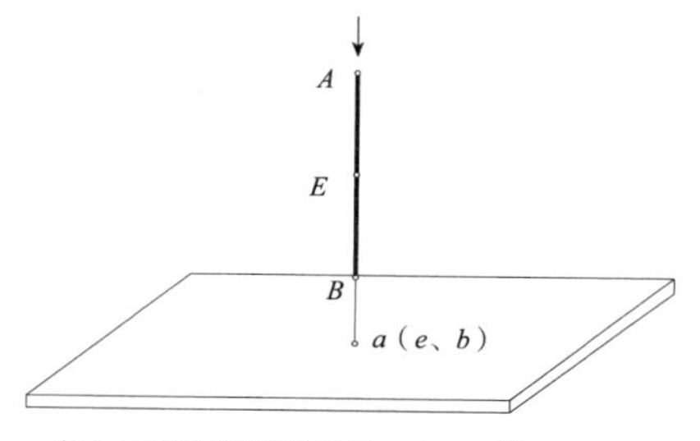

（b）AB直线的投影积聚为一点，AB线上E点的投影也积聚在这一点上

图 1-2-7　投影的积聚

（2）两个或两个以上的点（或线、面）的投影，叠合在同一投影上叫做重合，如图 1-2-8（a）～（c）所示。

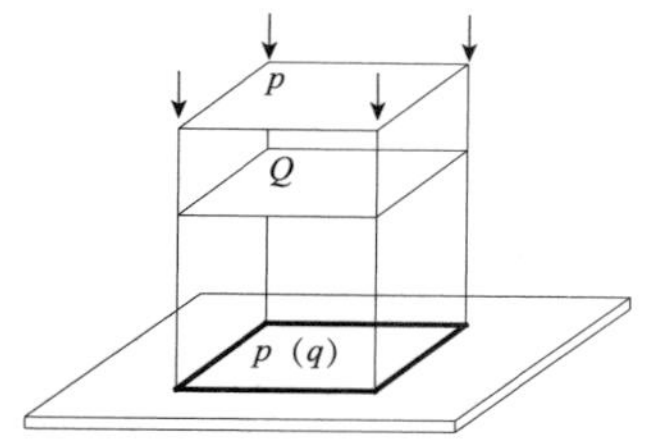

（a）P面与Q面投影重合

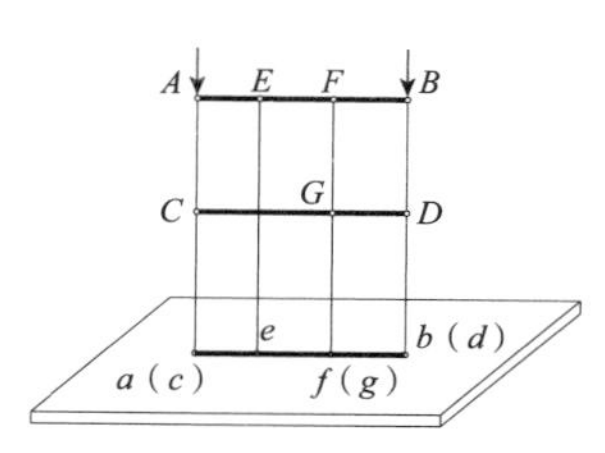

（b）AB直线与CD直线的投影ab与cd重合；E点的投影与ab、cd重合；A点与C点投影重合，并与ab、cd重合

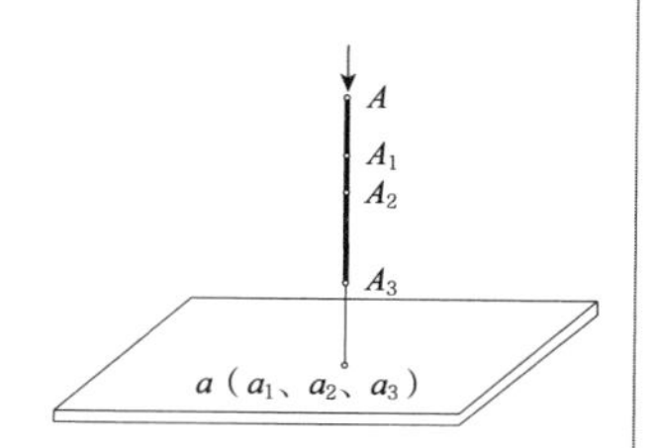

（c）位于一条投射线上任意一点的投影都重合在同一点上

图 1-2-8　投影的重合

3. 三面正投影图

（1）三面正投影图的形成。

制图首先要解决的矛盾是如何将立体实物的形状和尺寸准确地反映在平面的图纸上。一个正投影图能够准确地表现出物体的一个侧面的形状，但不能表现出物体的全部形状。如果将物体放在三个相互垂直的投影面之间，用三组分别垂直于三个投影面的平行投射线投影，就能得到这个物体的三个方面的正投影图。一般物体用三个正投影图结合起来就能反映它的全部形状和大小。

三组投射线与投影图的关系：平行投射线由前向后垂直 V 面，在 V 面上产生的投影叫做正立投影图；平行投射线由上向下垂直 H 面，在 H 面上产生的投影叫做水平投影图；平行投射线由左向右垂直 W 面，在 W 面上产生的投影叫做侧投影图。三个投影面相交的三条凹棱线叫做投影轴。图 1-2-9 中，OX、OZ、OY 是三条相互垂直的投影轴。

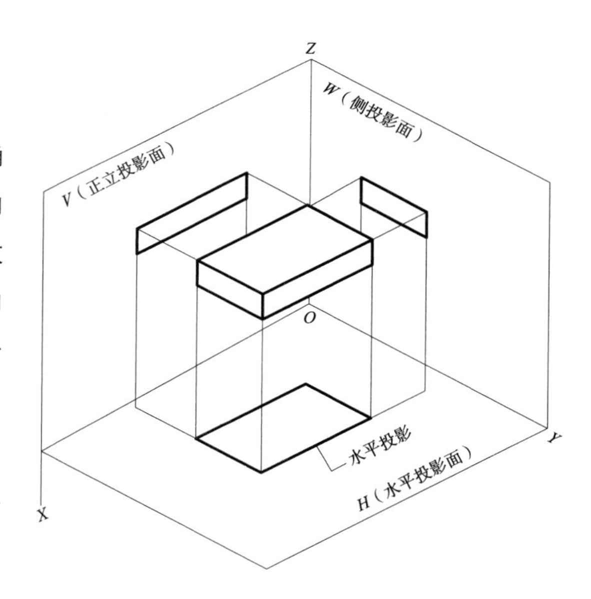

图 1-2-9　三面正投影图

（2）三个投影面的展开。

图 1-2-9 中的三个正投影图分别在 V、H、W 三个相互垂直的投影面上，怎样把它们表现在一张图纸上呢？我们设想 V 面保持不动，把 H 面绕 OX 轴向下翻转 90°，把 W 面绕 OZ 轴向右转 90°，则它们就和 V 面同在一个平面上。这样，三个投影图就能画在一

张平面的图纸上了，如图 1-2-10 所示。

三个投影面展开后，三条投影轴成为两条垂直相交的直线；原 OX、OZ 轴位置不变，原 OY 轴则分为 OY_1、OY_2 两条轴线，如图 1-2-10（c）所示。

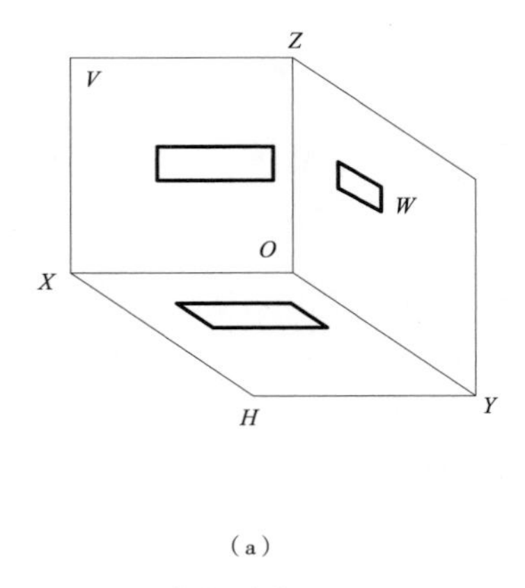

(a)

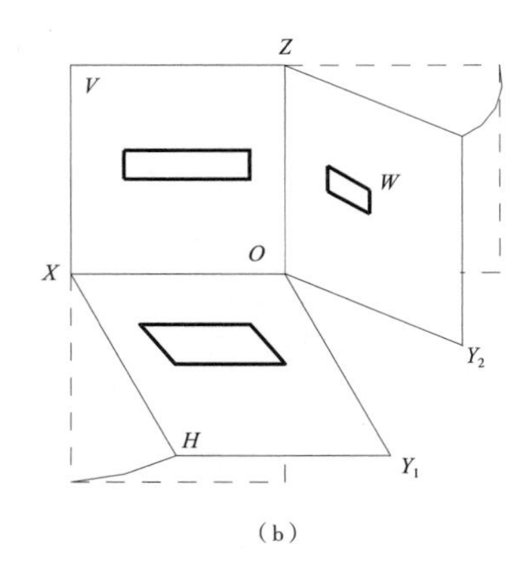

(b)

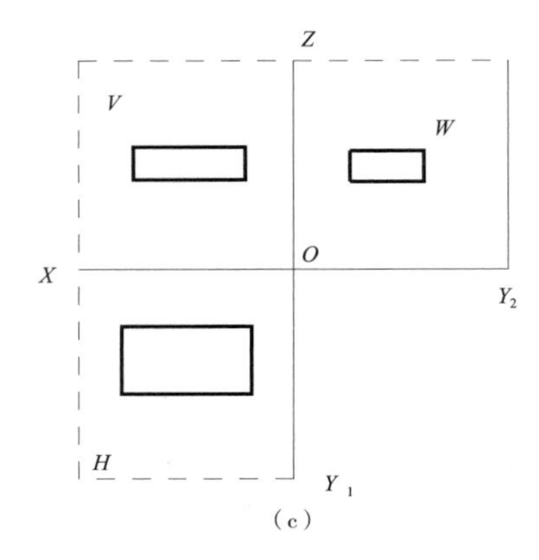

(c)

图 1-2-10 投影面的展开

（二）平面体、斜面体投影

经常遇到的几种形体，按其不同的投影特点，分为平面体和曲面体两部分。物体的表面是由平面组成的称为平面体。建筑工程中绝大部分的物体都属于这一种。组成这些物体的简单形体包括正方体、长方体以及统称为斜面体的棱柱、棱锥、棱台。

基本形体都是简单的几何体，分为平面立体和曲面立体两大类。本章介绍各种常见的平面立体和曲面立体的投影特征。

投影理论的研究对象是空间形体的形状、大小及其图示方法。各种建筑物都可看成是一些比较复杂的形体。通过细心观察，就会发现无论多么复杂的建筑形体都可以看成是若干个简单的基本形体的组合。

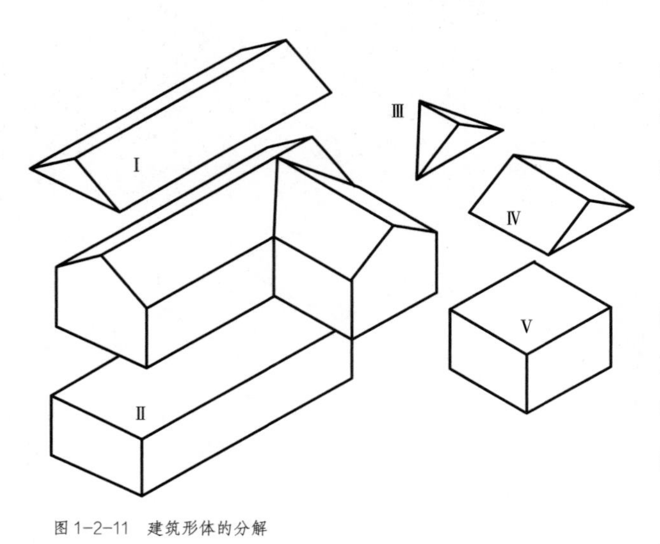

图 1-2-11 建筑形体的分解

图 1-2-11 是一个房屋的模型，它可以被分解为两个四棱柱、两个三棱柱和一个三棱锥。因此，理解并掌握基本形体的投影规律，对认识和理解建筑物的投影规律，更好地掌握识图与制图技能很有帮助。

1. 长方体投影

长方体的表面是由六个正四边形（正方形或矩形）平面组成的，面与面之间的两条棱之间都是互相平行或垂直。例如一块砖就是一个长方体，它是由上下、前后、左右三对互相平行的矩形平面组成的，相邻的两个平面都互相垂直，棱线之间也都是互相平行或垂直。

把长方体（例如砖）放在三个相互垂直的投影面之间，方向位置摆正，即长方体的前、后面与 V 面平行；左、右面与 W 面平行；上、下面与 H 面平行。这样所得到的长方体的三面正投影图，反映了长方体的三个方面的实际形状和大小，综合起来，就能说明它的全部形状。

如图 1-2-12（a）所示为一长方体，它的顶面和底面为水平面，前后两个棱面为正平面，左右两个棱面为侧平面。

图 1-2-12（b）是这个长方体的三面投影图。H 面投影是一个矩形，为长方体顶面和底面投影的重合，顶面可见，底面不可见，反映了它们的实形。矩形的四边是顶面和底面上各边的投影，反映实长，也是四个棱面积聚性的投影。矩形的四个顶点是顶面和底面对应的四个顶点投影的重合，也是四条垂直于 H 面的侧棱积聚性的投影。用同样的方法，还可以分析出该长方体的 V 面和 W 面投影的结果，也分别是一个矩形。

从现在起，投影图中将不再画出投影轴，这是因为在立体的投影图中，投影轴的位置只反映空间立体与投影面之间的距离，与立体的投影形状和大小无关。省略投影轴后，立体的三面投影之间仍应保持"长对正""高平齐""宽相等"的对应关系，这个对应关系在图 1-2-12（b）中可以看得十分清楚：形体在 V 面和 H 面上反映的长度相同，应该左右对齐，称为"长对正"，形体在 V 面和 W 面上反映的高度相同，应该上下对齐，称为"高平齐"；形体在 H 面和 W 面上反映的宽度相同，应该前后对齐，称为"宽相等"。省略投影轴后，利用这个对应关系就可以画出立体的投影图。

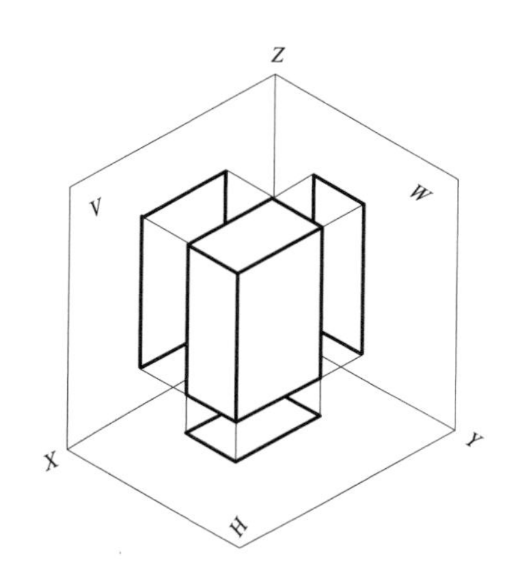

（a）长方体的投影模型

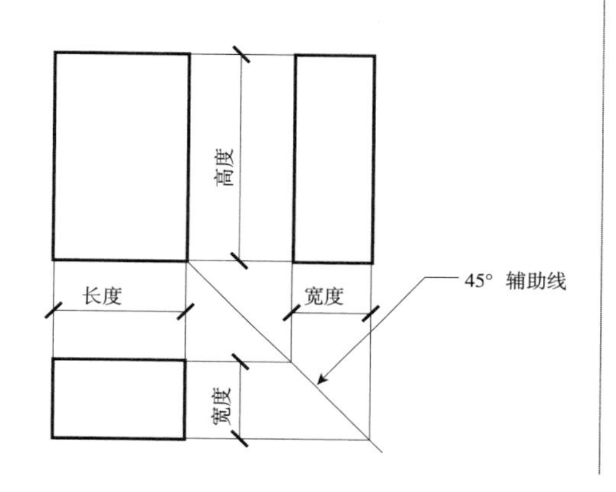

（b）长方体的三面投影及其对应关系

图 1-2-12　长方体的三面投影

（1）面的投影分析。以长方体的前面即 P 面为例，P 面平行于 V 面，垂直于 H 面和 W 面。其正立投影 p' 反映 P 面的实形（形状、大小均相同）。其水平投影和侧投影都积聚成直线，如图 1-2-13 所示。长方体其他各面和投影的关系，也都平行于一个投影面，垂直于另外两个投影面。各个面的三个投影图都有一个反映实形，两个积聚成直线。

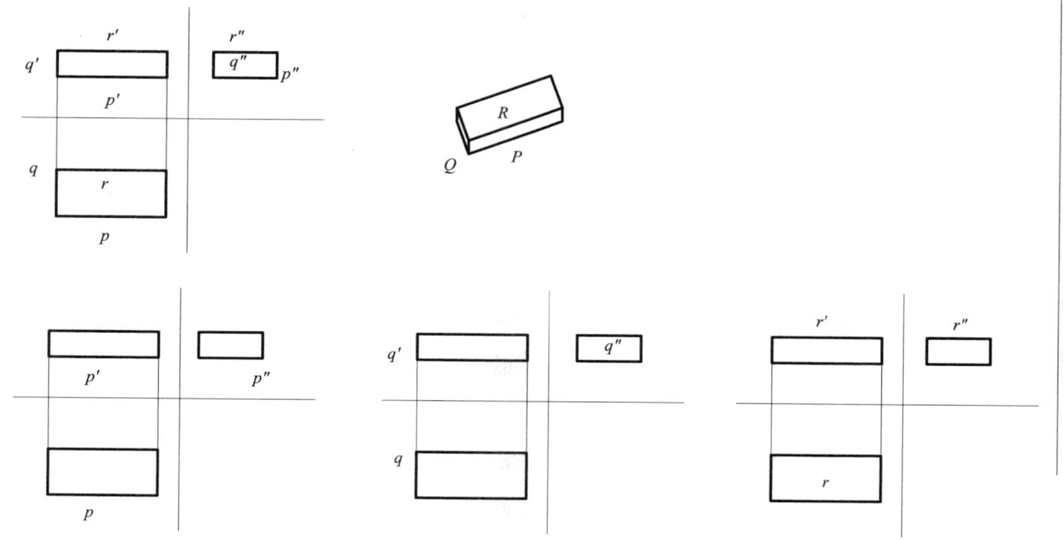

图 1-2-13　长方体面的投影分析

（2）直线的投影分析。长方体上有三组不同方向的棱线，每组四条棱线互相平行，各组棱线之间又互相垂直。当长方体在三个投影面之间的方向位置放正时，每条棱线都垂直于一个投影面，平行于另外两个投影面。以棱线 AB 为例，它平行于 V 面和 H 面，垂直于 W 面，所以这条棱线的侧投影积聚为一点，而正立投影和水平投影为直线，并反映棱线实长，如图 1-2-14 所示。同时可以看出，互相平行的直线其投影也相互平行。

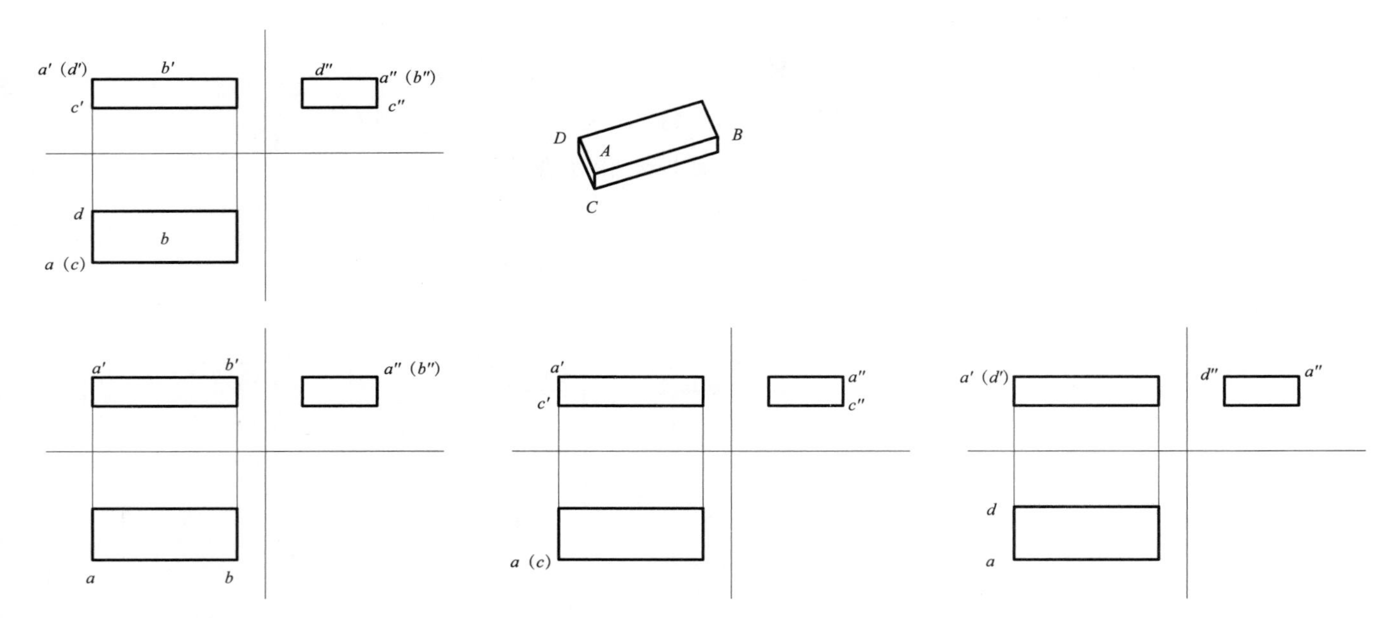

图 1-2-14 长方体直线的投影分析

（3）点的投影分析。长方体上的每一个棱角都可以看作是一个点，从图 1-2-15 可以看出每一个点在三个投影图中都有它对应的三个投影。例如 A 点的三个投影为 a、a'、a''。

A 点的正立投影 a' 和侧投影 a''，共同反映 A 点在物体上的上下位置（高、低）以及 A 点与 H 面的垂直距离（Z 轴坐标），所以 a' 和 a'' 一定在同一条水平线上。

A 点的正立投影 a' 和水平投影 a，共同反映 A 点在物体上的左右位置以及 A 点与 W 面的垂直距离（X 轴坐标），所以 a 和 a' 一定在同一条铅垂线上。

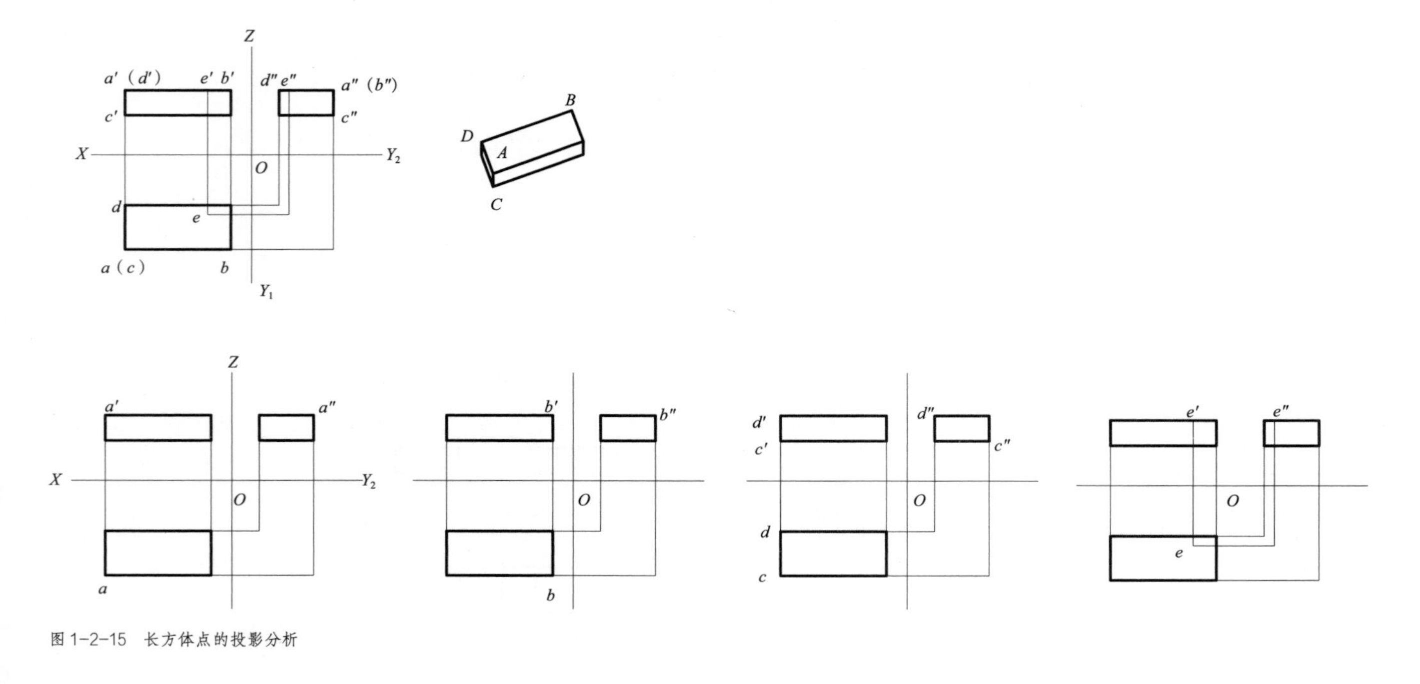

图 1-2-15 长方体点的投影分析

A 点的水平投影 *a* 和侧投影 *a″*，共同反映 *A* 点在物体上的前后位置以及 *A* 点与 *V* 面的垂直距离（*Y* 轴坐标），所以 *a* 和 *a″* 一定互相对应。

2. 两平面立体相贯的投影

两平面立体的相贯线一般是封闭的空间折线，这些折线可在同一平面上，也可不在同一平面上。平面体相贯时，每段折线是两个平面立体上有关表面的交线，折点是一个立体上的某一棱线与另一立体表面的贯穿点。

求两平面立体相贯线的方法通常有以下三种。

1）直接作图法：适用于两立体相贯时，有一立体的相贯表面在某投影面上有积聚性投影的情况。

2）辅助直线法：适用于已知相贯线上某点的一个投影、求其他两个投影的情况。

3）辅助平面法：适用于两相贯立体均无积聚性投影或其他情况。

下面，通过例题分别介绍这三种求解方法。

（1）直接作图法。如图 1-2-16 所示，由两个四棱柱形成相贯体，已知它们的三面投影轮廓，求作相贯线，并补全相贯体的三面投影。

（a）立体示意图

（b）已知条件

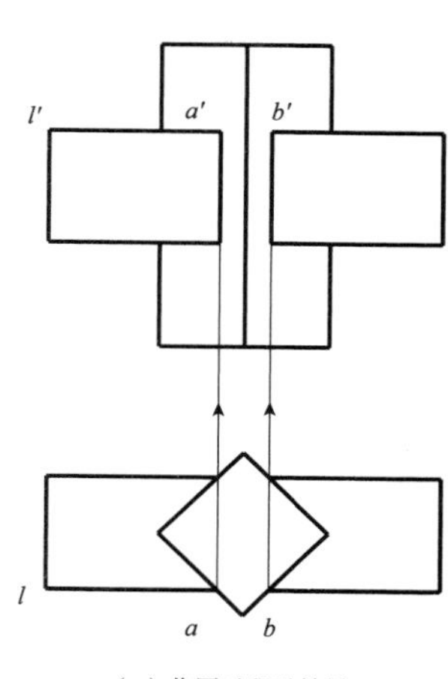

（c）作图过程及结果

图 1-2-16　用直接作图法求相贯线

（2）辅助直线法。某些情况下，虽然立体表面或棱线有积聚性投影，但不在给定的投影面内，不便作图；或由于位置特殊，不能完全利用积聚性直接求出相贯点的各面投影，此时可在立体表面作辅助线来求得贯穿点。

如图 1-2-17 所示，已知烟囱与屋面的 *H* 面投影和 *V* 面投影轮廓，求它们的 *V* 面投影。

（3）辅助平面法。

1）通过孔洞顶面作水平面 P_{1V}，求出 *H* 面的上截交线的投影。

P_{1V} 与三棱锥相交后的截交线在 *H* 投影面上的投影是一个三角形，从孔洞顶面两条侧棱贯穿三棱锥表面所得四个顶点的 *V* 面投影向 *H* 面引投影连线，在 *H* 投影面上与这个三角形的边相交就得到这四个顶点的 *H* 面投影。

2）采用相同方法，过孔洞底面作水平辅助面 P_{2V}，也可得到孔洞底面两条侧棱贯穿三棱锥表面所得四个顶点的 *H* 面投影。

3）在 H 面上连接各个顶点，判别其可见性，最后可得到三棱锥被挖方孔后的 H 面投影。

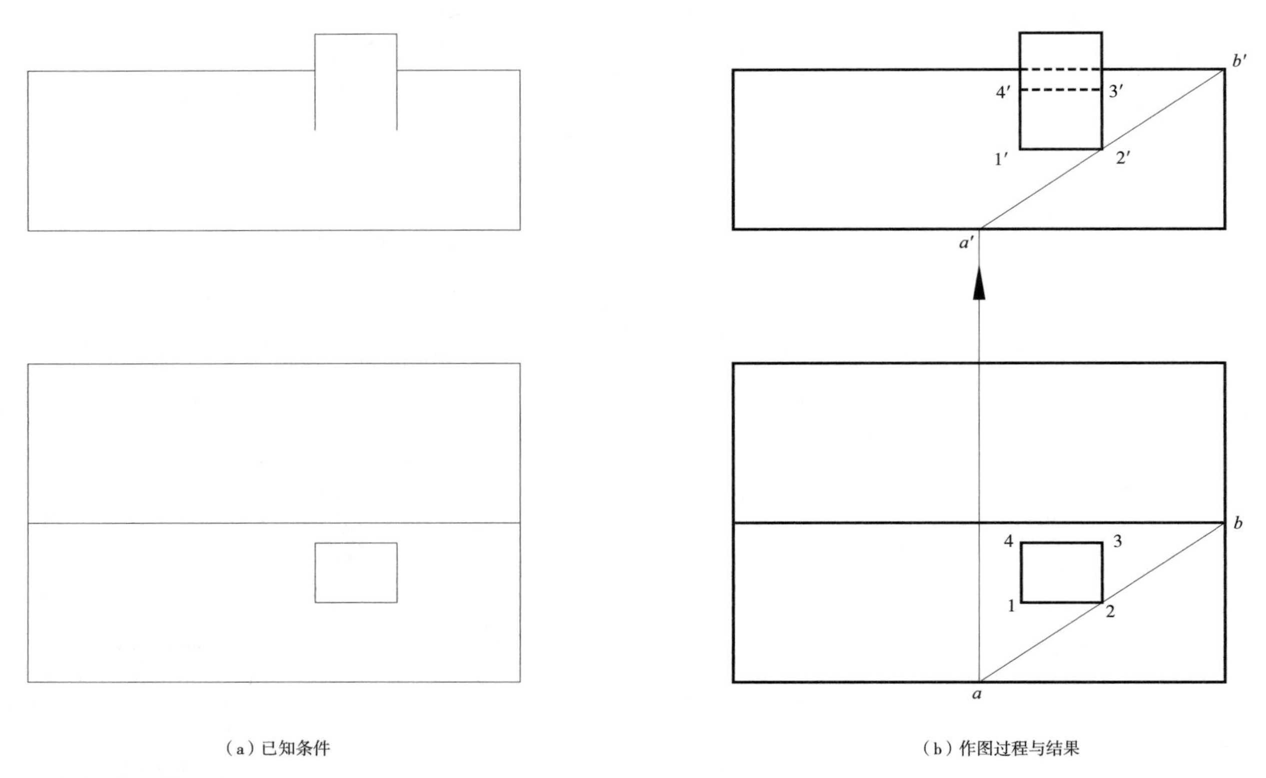

（a）已知条件　　（b）作图过程与结果

图 1-2-17　通过辅助直线法求相贯线

根据投影的对应关系，由 H、V 面投影得到 W 面投影。作图结果见图 1-2-18（b）。为便于学习和理解，图 1-2-18（c）保留了部分投影连线。

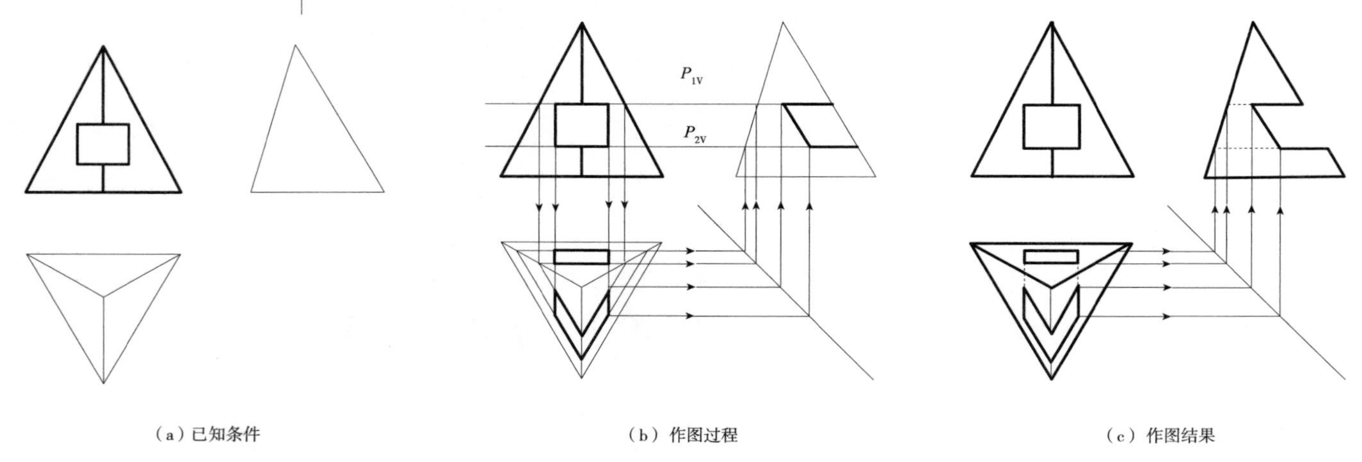

（a）已知条件　　（b）作图过程　　（c）作图结果

图 1-2-18　通过辅助平面法求相贯线

3. 斜面体投影

凡是带有斜面的平面体，统称为斜面体。棱柱（不包括四棱柱）、棱锥、棱台……都是斜面体的基本形体。建筑工程中，有坡顶的房子，有斜面的构件都可看作是斜面体的组合体。

（1）基本形体的叠加。多数形状复杂的斜面体组合体，都可以看作是几个简单形体叠加在一起的一个整体。因此，只要画出各简单体的正投影，按它们的相互位置叠加起来，即成为斜面体组合体的正投影，如图 1-2-19 所示。

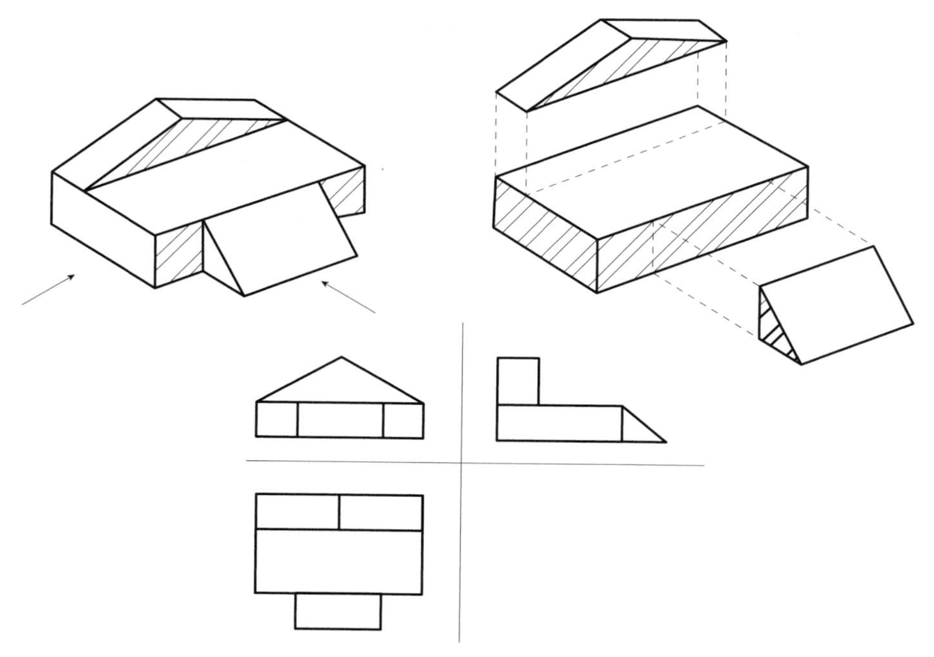

图 1-2-19　斜面体组合体的正投影

斜面体组合体的投影也有不可见线、交线等。

两个简单体上的平面，组合后相接成一个平面时，它们之间没有交线，如图 1-2-20 所示。

看图时，首先要找出组合体各部分（简单体）相应的三个投影，综合起来看出各部分的立体形状，然后结合在一起，就容易想象出整体的形状。

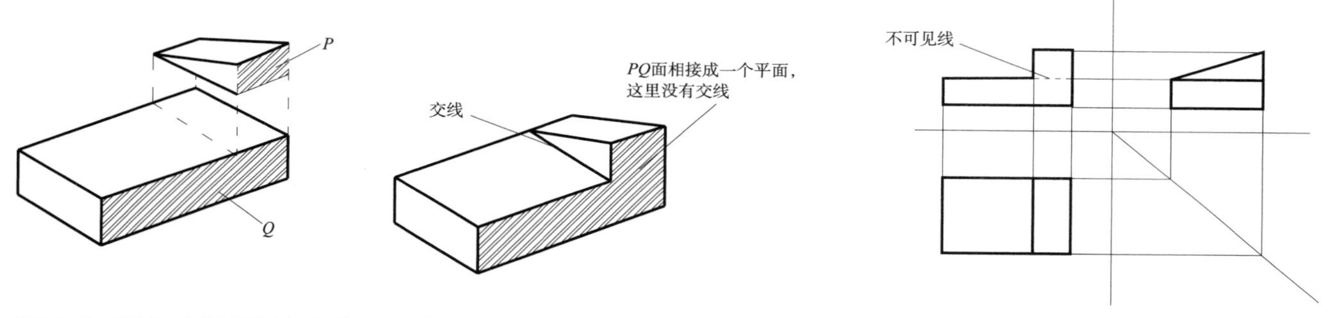

图 1-2-20　斜面体组合体的投影也有不可见线、交线等

（2）坡屋顶的画法。坡屋面是一种常见的屋面形式，是由多个几何体所构成的组合体。一般有两坡顶和四坡顶两种。如图 1-2-21 和图 1-2-22 所示。同一个屋面的各个坡面，通常成对水平倾角相等，所以又成同坡屋面。由于两种形式的同坡屋面都是由基本几何体构成的组合体，所以它们的投影符合组合体的投影。

从图 1-2-21 可以看出，坡屋面（*P* 面）和烟囱的四条交线是 *AB*、*BC*、*CD*、*DA*，这四条交线的水平投影与烟囱的水平投影完全重合，*AB* 和 *DC* 的侧投影积聚为两点，*AD* 和 *BC* 的侧投影都积聚在 *P* 面的侧投影上。

作图方法：

1）交线的正立投影不能直接画出来，可根据“三等”关系，从水平投影和侧投影找出 *A*、*B*、*C*、*D* 点的正立投影，连接起来即可。*DC* 在烟囱后面是不可见线，所以 a' c' 应画作虚线。

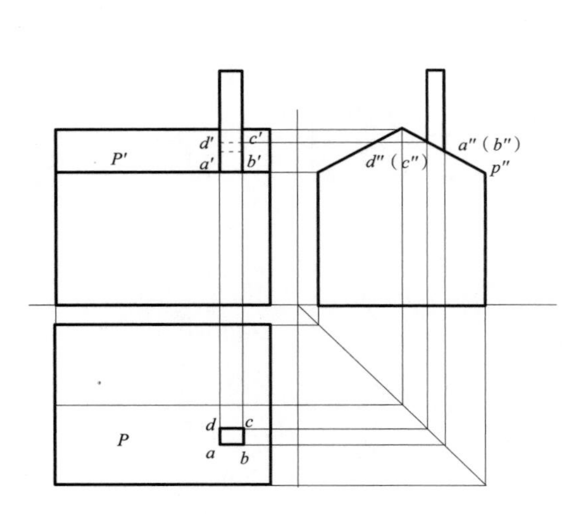

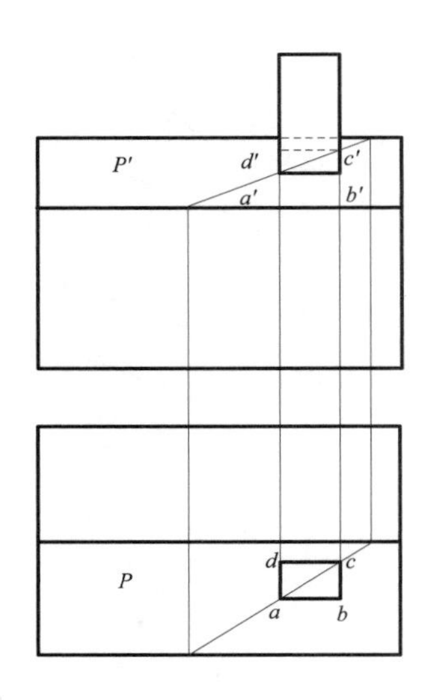

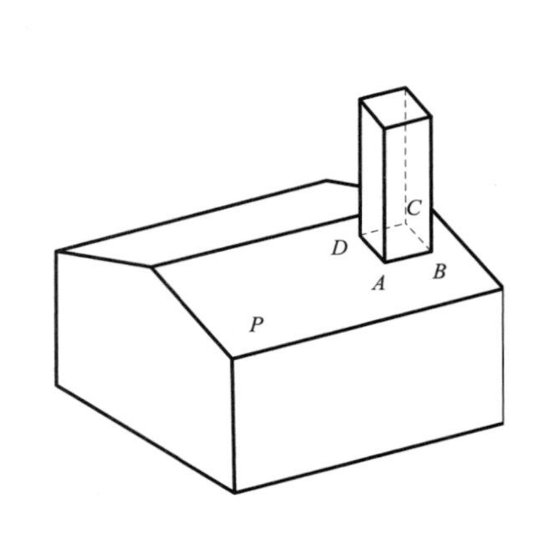

图 1-2-21 同坡屋顶的作图

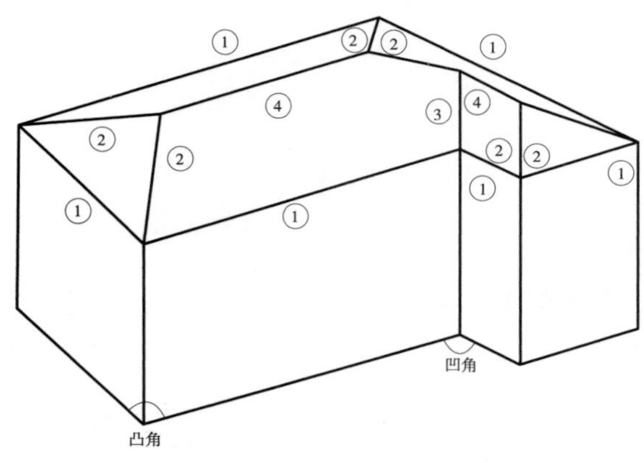

图 1-2-22 坡屋顶投影规律一

2）当没有侧投影时，可根据点在线上、线在面上的原理，过 *ac* 画一辅助线与屋面上二直线相交，求出其正投影得 *a*′、*c*′，过 *a*′、*c*′ 分别作两条水平线得 *b*′、*d*′，*a*′ *b*′ 为实线，*c*′ *d*′ 为虚线，如图 1-2-21 所示。

（3）坡屋顶投影。当屋面由几个与水平面倾角相等的平面所组成时，就叫同坡屋顶。同一建筑往往可以设计成多种形式的屋顶，如两坡顶、四坡顶、歇山屋顶等。其中最常用、最基本的形式是屋檐高度相等的同坡屋顶。其投影规律如下。

1）相邻两屋面相交，其交线的水平投影必在两屋檐夹角水平投影的分角线上（一般夹角为 90° 时，画 45° 线即可）。当屋面夹角为凸角时，交线叫斜脊；夹角为凹角时，交线叫天沟或斜沟，如图 1-2-22 所示。

2）相对两屋面的交线交平脊。其水平投影必在与两屋檐距离相等的直线上。

3）在水平投影上，只要有两条脊线（包括平脊、斜脊或天沟）相交于一点，必有第三条脊线相交。跨度相等时，有几个屋面相交，必有几条脊线交于一点，如图 1-2-23 所示。

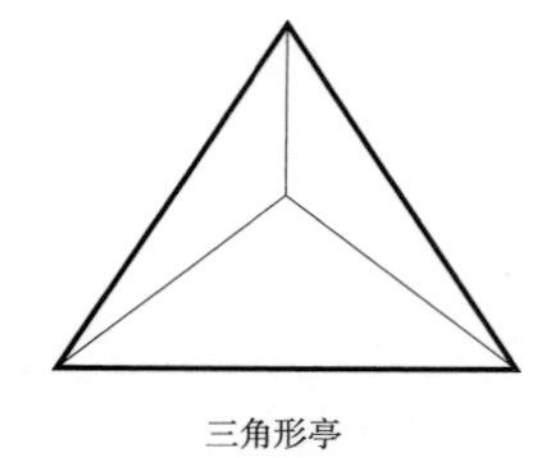

三角形亭

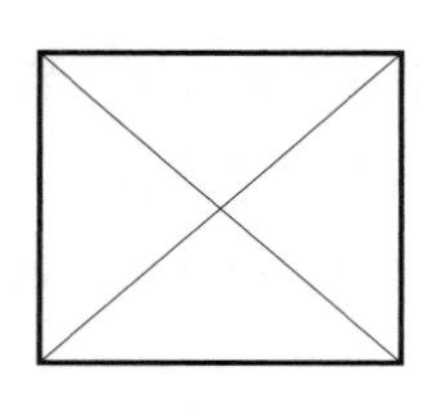

四方亭

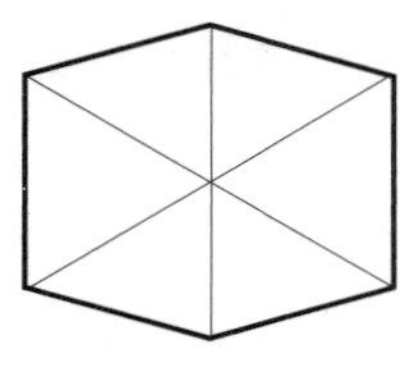

六角亭

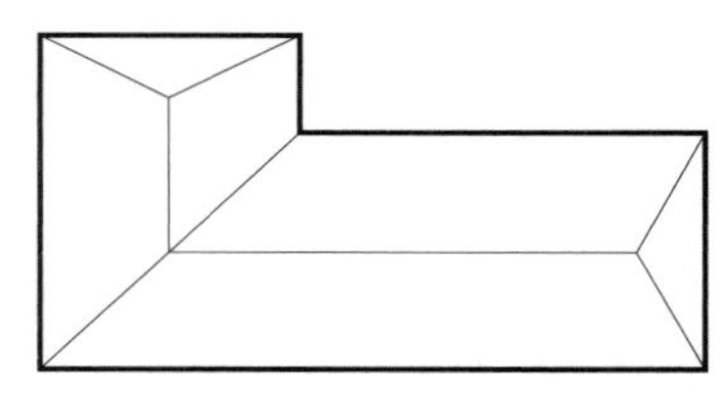

转角屋顶

图 1-2-23 坡屋顶投影规律二

4）当建筑墙身外形不是矩形时，如 L 形、冂形、山形……，屋面要按一个建筑整体来处理，避免出现水平天沟，如图 1-2-24 所示。

5）在正投影和侧投影图中，垂直于投影面的屋面，能反映屋面坡度的大小，如图 1-2-24 所示。空间互相平行的屋面，其投影线也互相平行。建筑跨度越大，屋顶越高。跨度小的屋面插在跨度大的屋面上。

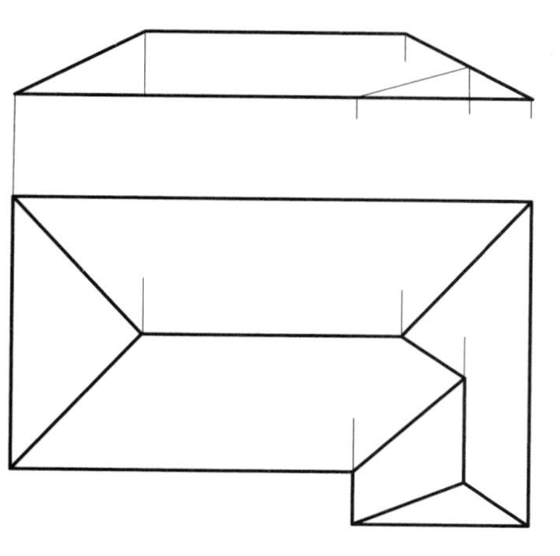

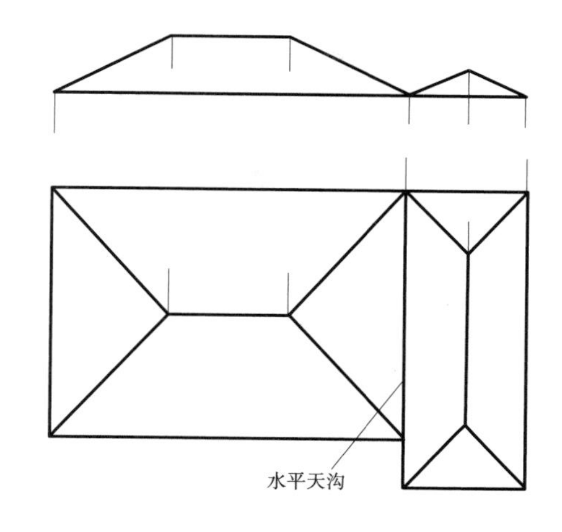

图 1-2-24　坡屋顶投影规律三

（三）曲面体投影

设计制图常常会遇到中的圆柱、壳体屋盖、隧道的拱顶等曲面图形，它们的几何形状是曲面立体。在制图中应熟悉它们的特性。

1. 两曲面立体相贯

两曲面体的相贯线，一般是封闭的空间曲线，在特殊情况下是平面曲线。求相贯线的方法通常有直接作图法和辅助平面法。

如图 1-2-25 所示。已知一仓库屋面是两拱形屋面相交，求它们的交线。

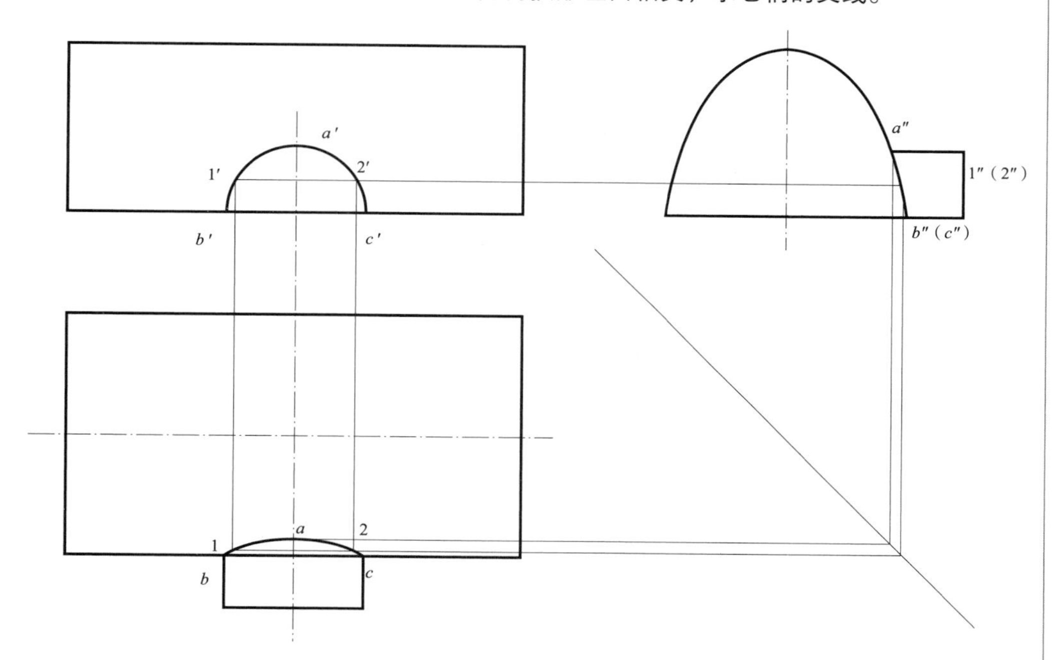

图 1-2-25　两圆拱的相贯线作法

由图 1-2-25 可知，屋面的大拱是抛物线拱面，小拱则是半圆柱面。前者素线垂直于 *W* 面，后者素线垂直于 *V* 面，两拱轴线相交且平行于 *H* 面。相贯线是一段空间曲线，其 *V* 面投影重影在小圆柱的 *V* 面投影上，*W* 面投影重影在大拱的 *W* 面投影上。*H* 面投影的曲线，在求出相贯线上一系列的点后，可以作出。

（1）求特殊点：最高点 *A* 是小圆柱最高素线与大拱的交点，最低、最前点 *B*、*C*（也是最左、最右点），是小圆柱最左、最右素线与大拱最前素线的交点。它们的三投影均可直接求得。

（2）求一般点 1、2。在相贯线 V 面投影的半圆周上任取点 $1'$ 和 $2'$，则 $1''$、$2''$ 必在大拱的 W 面的积聚性投影上，根据 $1'$ 和 $2'$ 及 $1''$、$2''$，可求得 1、2。

（3）连点并判别可见性。在 H 面投影上，依次连接 b、1、a、2、c，即为所求。由于两拱形屋面的 H 面投影均为可见，所以相贯线的 H 面投影可见，画成粗实线。

2. *旋转楼梯*

在设计制图中，曲面体投影运用最多的是旋转楼梯的画法，这里我们以旋转楼梯为重点来讲述。

旋转楼梯两面投影图的画法介绍如下：

（1）确定平螺旋面的导程及其所在圆柱面的直径。现在假设沿螺旋梯走一圈有十二级，一圈上升的高度就是该平螺旋面的投影。旋转楼梯内外侧到轴线的距离，就是内外圆柱面的半径。

（2）根据内、外圆柱面的半径、投影的大小，以及旋转一周的楼梯级数，画出平螺旋面的两面投影，如图 1-2-26（a）所示。画旋转楼梯的 H 面投影，只需按旋转一周的楼梯级数，等分平螺旋面的 H 面投影即可。

（3）画第一步级的 V 面投影，如图 1-2-26（b）所示。第一级踢面 $\mathrm{I}_1\mathrm{II}_1\mathrm{II}_2\mathrm{I}_2$ 的 H 面投影积聚成一水平线段（1_1）2_12_2（1_2），踢面的底线 $\mathrm{I}_1\mathrm{I}_2$ 是平螺旋面的一根素线，求出其 V 面投影 $1_1'1_2'$ 后，过两端点分别画一竖线，截取一级的高度，得点 $2_1'$ 和 $2_2'$。连 $2_1'2_2'$，矩形 $1_1'2_1'2_2'1_2'$ 就是第一级踢面的 V 面投影，它反映踢面的实形。

第一级踏面的 H 面投影 $2_12_23_23_1$ 是平螺旋面 H 面投影的第一等分。第一级踏面的 V 面投影积聚成一水平线段 $2_1'2_2'3_2'$（$3_1'$），其中（$3_1'$）$3_2'$ 是第二级踢面底线（平螺旋面的另一根素线）的 V 面投影。

（4）画第二步级的 V 面投影，如图 1-2-26（c）所示。过点 $3_1'$ 和 $3_2'$ 分别画一竖直线，截取一级的高度，得点 $4_1'$ 和 $4_2'$。矩形 $3_1'3_2'4_2'4_1'$ 就是第二级踢面的 V 面投影。第二级踏面的 V 面投影积聚成一水平线段 $4_1'4_2'5_2'$（$5_1'$），它与该踏面的 H 面投影 $4_14_25_15_1$ 相对应。依次类推，可以画出其余各级的踢面和踏面的 V 面投影。

（5）最后画旋转楼梯板底面的投影。楼梯板底面的形状和大小与梯级的平螺旋面完全一样，但与梯级平螺旋面相距一个沿竖直方向的楼梯板厚度。可对应于梯级平螺旋面上的各点，向下截取相同的高度，求出底板平螺旋面上相应各点的 V 面投影，然后将它们光滑连接起来，就可得到旋转楼梯板底面的 V 面投影，如图 1-2-26（d）所示。

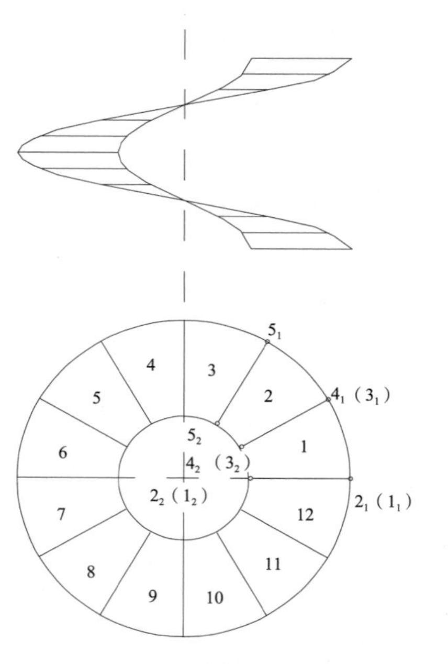

（a）画出圆柱平螺旋面以及旋转楼梯的H面投影

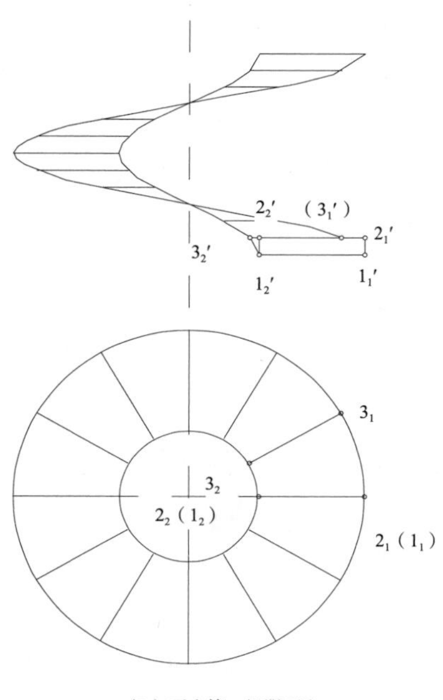

（b）画出第一级踢面和踏面的V面投影

图 1-2-26（一） 旋转楼梯的画法示意

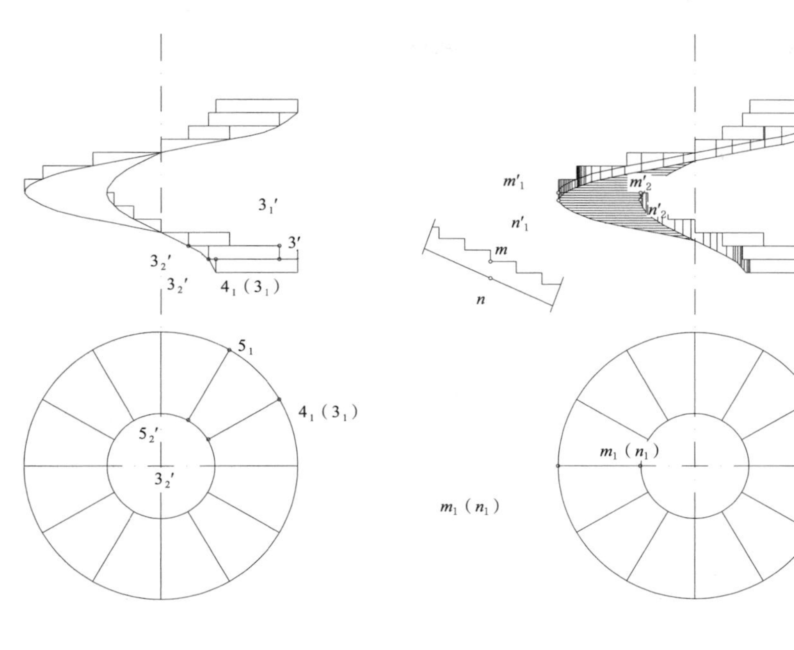

（c）画出第二级踢面和踏面的V面投影

（d）最后得到的旋转楼梯的两面投影

图 1-2-26（二） 旋转楼梯的画法示意

第三节　制图基础画法

一、轴测图画法

（一）轴测投影图的基本概念

轴测投影图是一种画法较为简单的立体图，简称轴测图。用前面介绍的正投影法绘制的工程图虽然能完整准确地反映出物体的形体和大小，依照此样图完全可以施工。但它的立体感不强，对于缺乏读图基础的人，难于看懂。有时需要具有立体感强的轴测投影图来表达。轴测投影图弥补了三面投影的不足，来帮助人们更好的读懂三视图。

（二）几种常用的轴测投影

轴测图主要有两类：

当投影线垂直投影面，形体倾斜于投影面得到的轴测投影图，称为正轴测。

当投影线倾斜投影面，形体平行于投影面得到的轴测投影图，称为斜轴测。

1. 轴测正投影

（1）三等正轴测。三等正轴测（或称正等测）是作图时最常用的一种。

以正立方体为例，投射线方向系穿过正立方体的对顶角，并垂直于轴测投影面。正立方体相互垂直的三条棱线，也即三个坐标轴，它们与轴测投影面的倾斜角度完全相等，所以三个轴的变形系数相等，三个轴间角也相等（均为 120°），如图 1-3-1 所示。

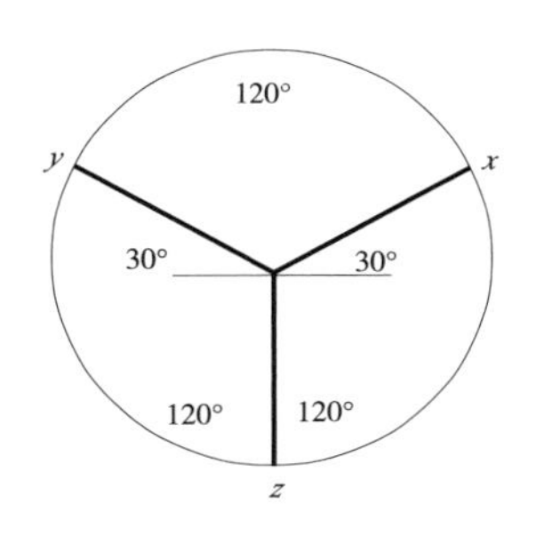

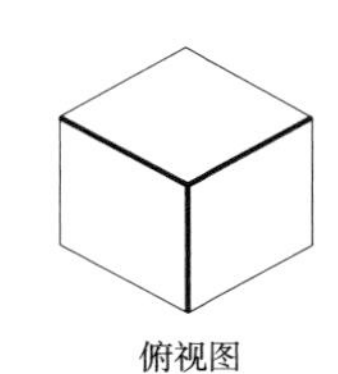

俯视图

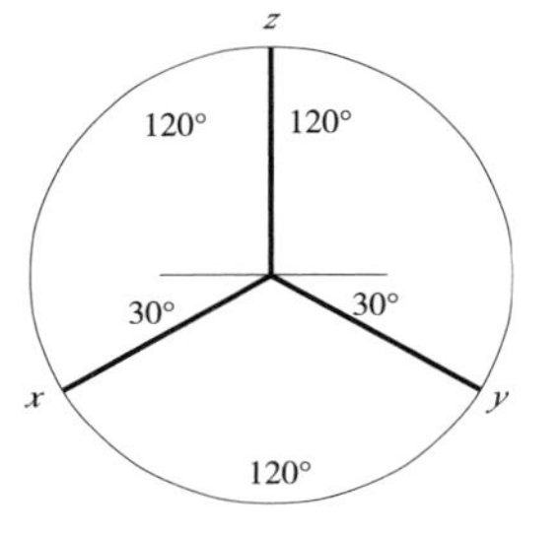

仰视图

图 1-3-1　三等正轴测

作图时经常将其中 *X*、*Y* 轴与水平线各成 30° 夹角，*Z* 轴则为铅垂线，因三个轴的变形系数相等，故作图时可不考虑变形系数，但所得轴测图比物体实际的轴测投影略为放大。

（2）二等正轴测。二等正轴测图（或称正二测）的特点是：三个坐标轴中有两个轴与轴测投影面的倾斜角度相等，因此这两个轴的变形系数相等，三个轴间角也有两个相等。

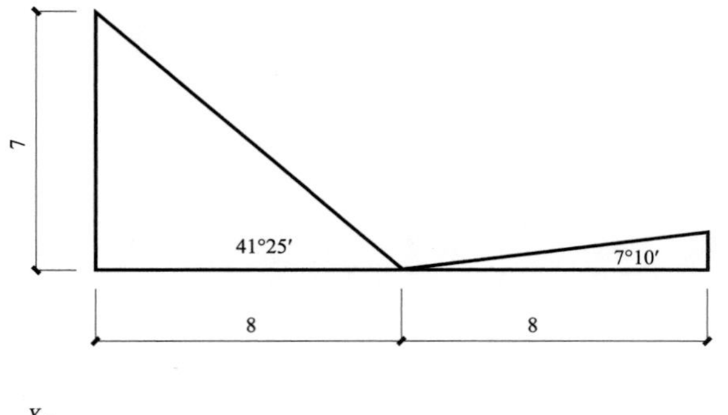

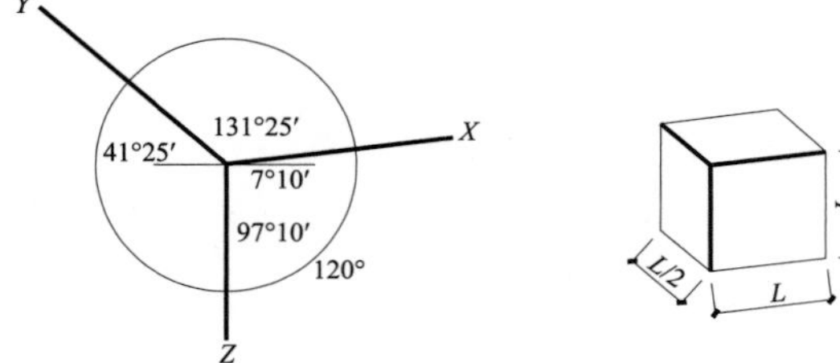

图 1-3-2 二等正轴测

如图 1-3-2 所示，这是二等正轴测中的一种，*Z* 轴为铅垂线，*X* 轴与水平线夹角为 7° 10′（可用 1 ∶ 8 画出），Y 轴与水平线夹角为 41° 25′（可用 7 ∶ 8 画出）。Y 轴的轴向变形系数可简化为 0.5。*Z*、*X* 两轴的变形系数可不考虑。图中正立方体的轴测图即按此关系画出，图形直观效果较好，但作图略繁。如使用较多时，可做一个专用的绘图模板，配合丁字尺使用。

2. 轴测斜投影

在斜轴测中，投射线与轴测投影面斜交。如果使物体的一面与轴测投影面平行，这个面在图中反映实形，如图 1-3-3 所示。在正轴测中，物体的任何一个面的投影均不能反映实形。所以凡物体有一个面形状复杂，曲线较多时，画斜轴测比较简便。

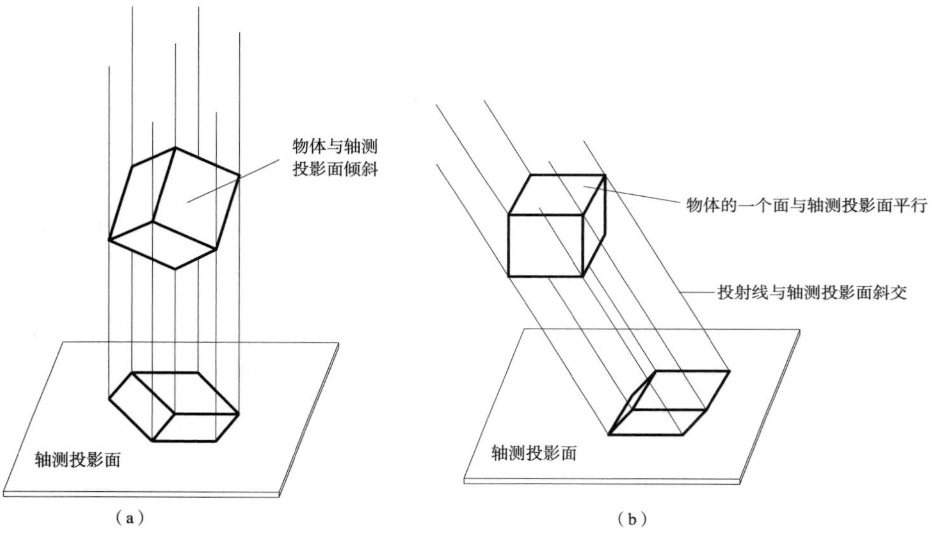

图 1-3-3 斜轴测投影

（1）水平斜轴测。水平斜轴测的特点是物体的水平面平行于轴测投影面，其投影反映实形。*X*、*Y* 轴平行轴测投影面，均不变形，为原长，它们之间的轴间角为 90°。它们与水平线夹角常用 45°，也可自定。Z 轴为铅垂线，其变形系数可不考虑，也可定为 3/4、1/3 或 1/2，见图 1-3-4。

（2）正面斜轴测。正面斜轴测的特点是：物体的正立面平行于轴测投影面，其投影反映实形，所以 *X*、*Z* 两轴平行轴测投影面，均不变形，为原长，它们之间的轴间角为 90°；*Z* 轴常为铅垂线，*X* 轴常为水平线；*Y* 轴为斜线，它与水平线夹角常用 30°、45° 或 60°，也可自定，它的变形系数可不考虑，也可定为 3/4、2/3 或 1/2，如图 1-3-5 所示。

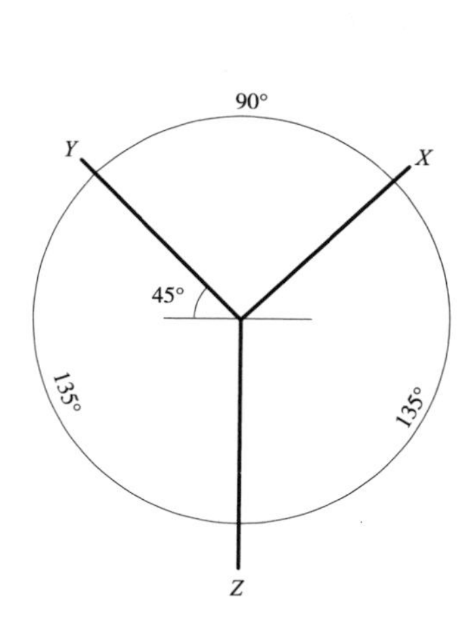

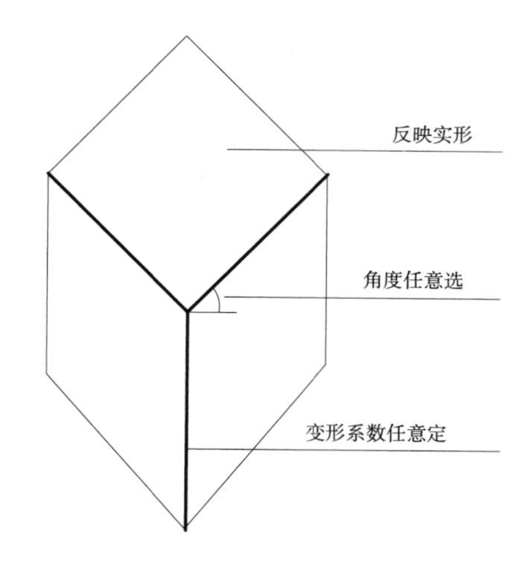

图 1-3-4　水平斜轴测

（三）轴测投影图的作图法

（1）轴测投影图的作图法如图 1-3-6 所示。在作轴测图之前，首先应了解清楚所画物体的三面正投影图或实物的形状和特点。

（2）选择观看的角度，研究从哪个方向才能把物体表现清楚，可根据不同的需要而选用俯视、仰视，从左看还是从右看。

（3）选择合适的轴测轴，确定物体的方位。

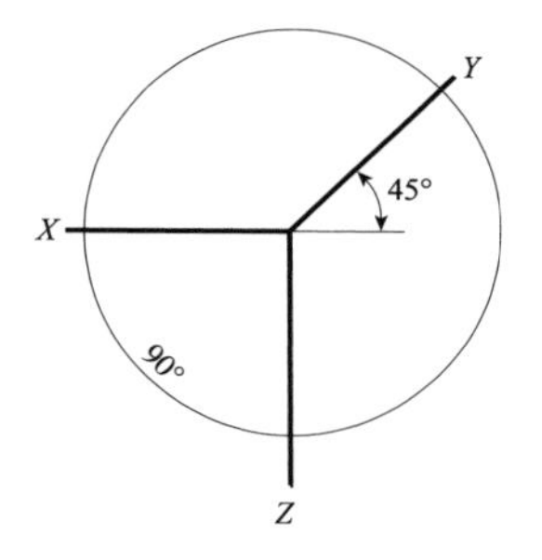

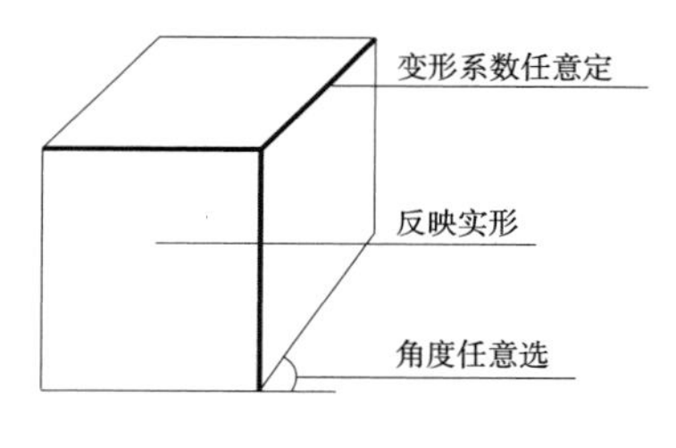

图 1-3-5　正面斜轴测

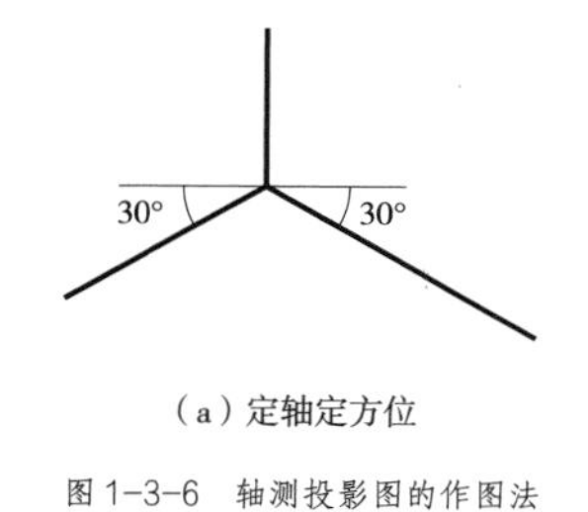

（a）定轴定方位

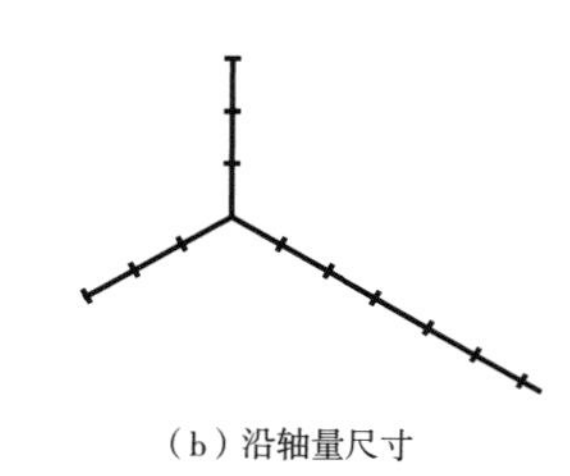

（b）沿轴量尺寸

图 1-3-6　轴测投影图的作图法

（4）选择合适的比例尺，沿轴按比例尺量取物体尺寸。

（5）根据“空间平行线的轴测投影仍平行”的规律，作平行线连接起来。

（6）加深图形线，完成轴测图。

（四）几种作图方法

1. 直接作图法

凡体形简单的平面立体，可以直接选轴，并沿轴量尺寸作图。

[例题 1] 用三等正轴测画槽形零件，如图 1-3-7 所示。

[例题 2] 用正面斜轴测画垫块，如图 1-3-8 所示。

[例题 3] 用建筑平面图作水平斜轴测，展示房间配置情况。可直接将平面图转动一定角度，立高，作出水平剖面的轴测图，如图 1-3-9 所示。

[例题 4] 用三等正轴测画杯形柱础构件，可分三块依次添上去，如图 1-3-10 所示。

利用已知正立面和水平投影图用分块叠加法来作图。

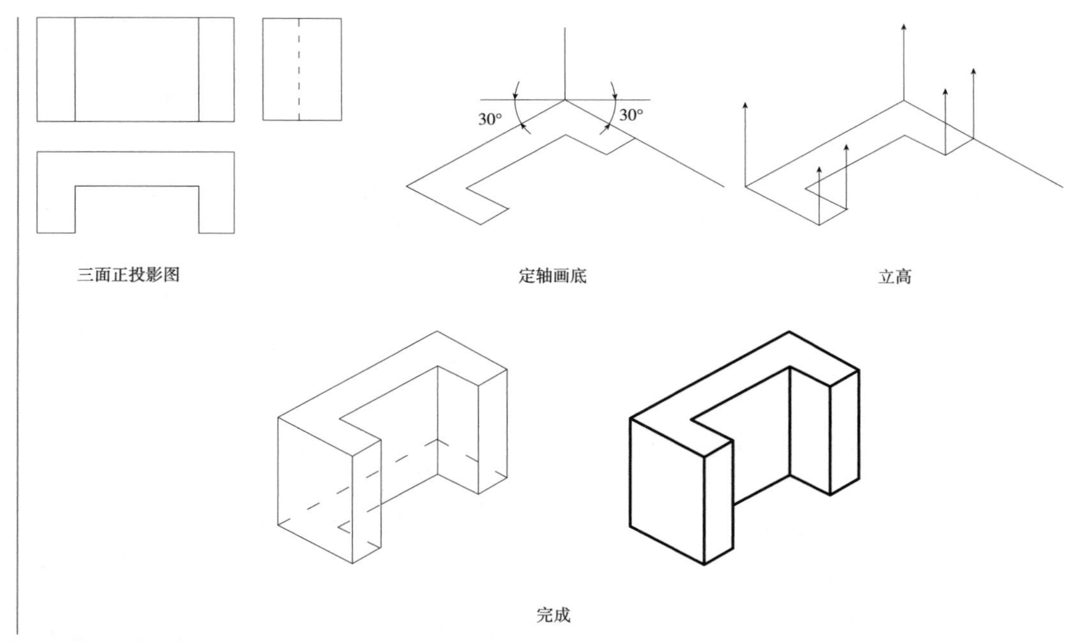

图 1-3-7 三等正轴测作图

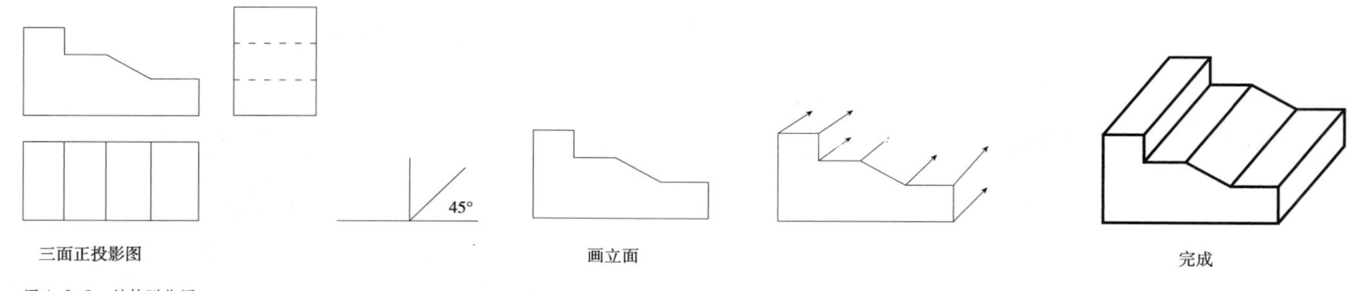

图 1-3-8 斜轴测作图

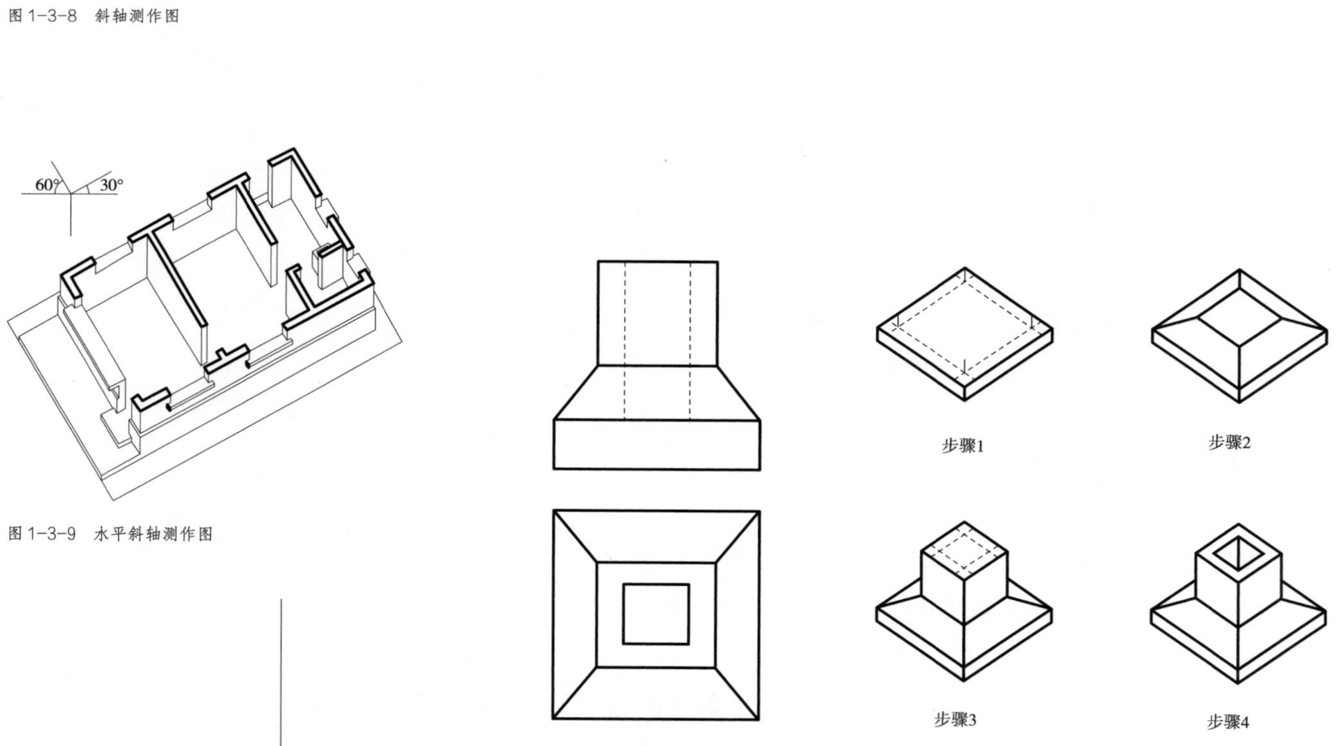

图 1-3-9 水平斜轴测作图

图 1-3-10 三等正轴测作图

2. 剖面画法

如需展现物体内部形状，则须作剖面轴测图。在轴测图上画剖面，可根据需要任意切掉物体的一部分，并可先画外形，后画剖面。

[例题] 将杯形柱础切掉 1/4，作其剖面轴测图，如图 1-3-11 所示。

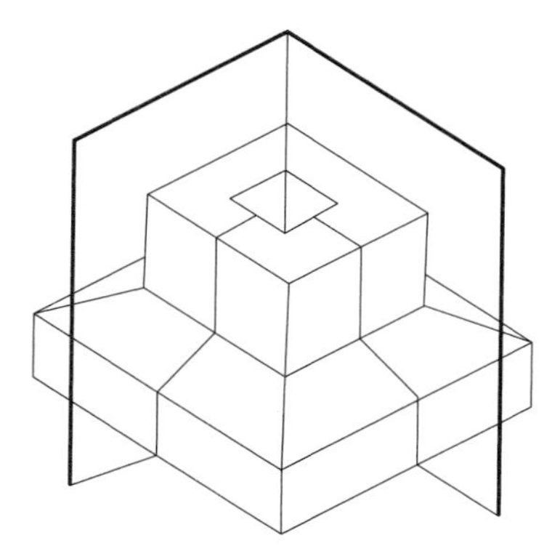

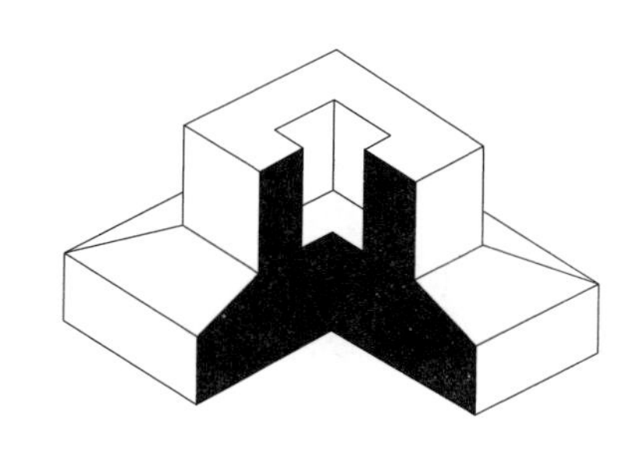

图 1-3-11 剖面轴测图

二、三视图画法

产品设计和展示设计中经常会涉及一些家具，或产品的制图。那么这些设计就需要用三视图来表现所设计的展架或工业产品。

三视图的理论原理是建立在投影知识之上。

（一）作图方法与步骤

（1）先画出水平和垂直十字相交线，表示投影轴，如图 1-3-12（a）所示。

（2）根据“三等”关系，正立投影图和水平投影图的各个相应部分用铅垂线对正（等长），正立投影图和侧投影图的各个相应部分用水平线拉齐（等高），如图 1-3-12（b）所示。

（3）水平投影图和侧投影图具有等宽的关系。作图时先从 *O* 点作一条向右下斜的 45° 线，然后在水平投影图上向右引水平线，交到 45° 线后再向上引铅垂线，把水平投影图中的宽度反映到侧投影中去，如图 1-3-12（c）所示。

（4）3 个投影图与投影轴的距离，反映物体和 3 个投影面的距离。制图时，只要求各投影图之间的相应关系正确，图形与轴线的距离可以灵活安排。在实际工程图中，一般不画出投影轴，各投影图的位置也可以灵活安排，有时还可将各投影图画在不同的图纸上。三面正投影图的另外两种画法见图 1-3-13。

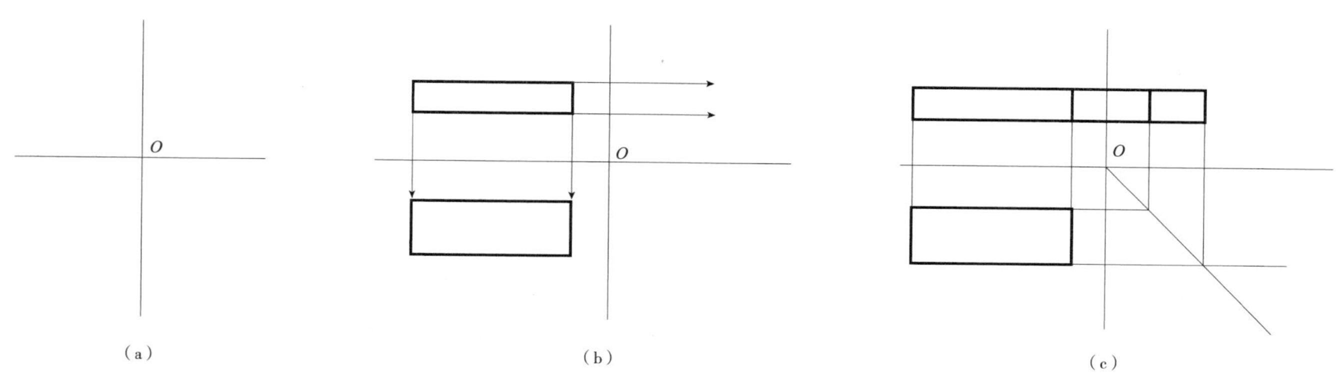

图 1-3-12 三面正投影图画图步骤

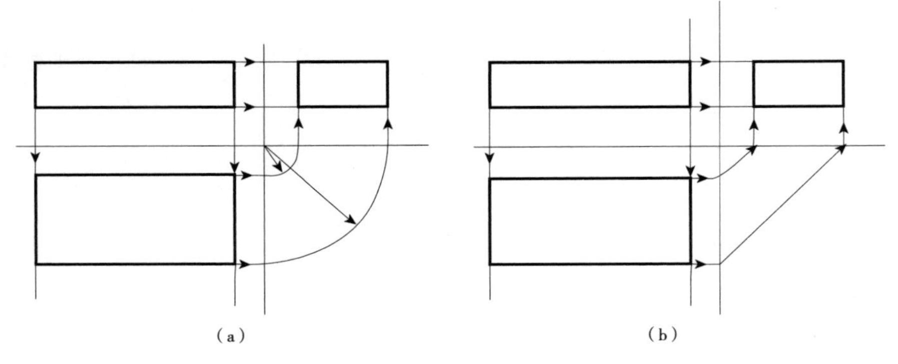

图 1-3-13 用圆弧或用 45° 斜线画出三面正投影图

（二）图示实例

图 1-3-14 为家具的设计图纸。

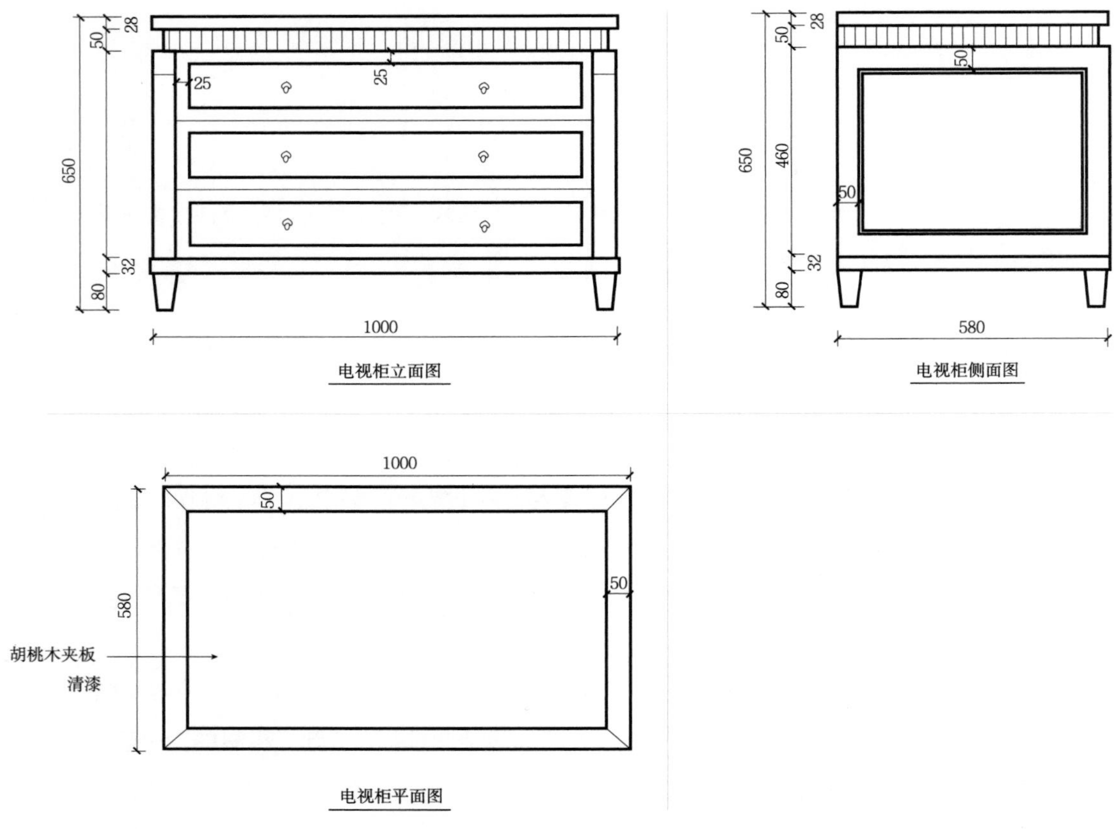

图 1-3-14 家具三视图

三、立面展开图

（一）柱面的展开图

[例] 斜截实心六棱柱的展开图 (图 1-3-15)。

1. 分析

(1) 棱线都垂直于 *H* 面，故底边展开后为一直线。

(2) 底面平行 *H* 面，*H* 面投影反映其实形，各边反映实长。

(3) *V* 面投影反映各条棱线实长。

（4）顶面为一斜面，不反映实形，可用换面法求出实形。

2. 作图

（1）与柱底同高画一水平线，由 H 面投影量取六棱柱各底边实长，并画出 I、II、III、IV、V、VI 各棱线位置。

（2）自 1′，2′，3′，4′，5′，6′ 引水平线，找出相应各棱线的高度，连成直线，即为棱柱侧表面的展开图。

（3）在 V 面上过 1′，2′（6），3′（5′），4′ 作 1′ 4′ 连线的吹垂线，根据 H 面投影可定出 I_0，II_0，III_0，IV_0，VI_0 各点，顺序连接，即为顶面的实形。

（4）底面实形与 H 面投影同。

底面和顶面是否和侧面画在一起，画在什么位置，应以节约材料为主要根据，视应用时具体情况而定。

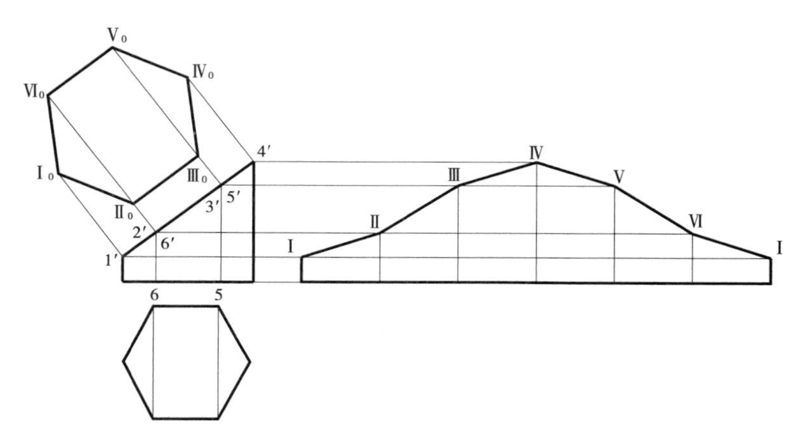

图 1-3-15　斜截实心六棱柱的展开图

（二）斜截正圆柱展开图（图 1-3-16）

1. 分析

（1）素线垂直 H 面，故底边展开后为一直线。

（2）底圆平行 H 面，H 面投影反映实形。

（3）V 面投影反映圆柱素线的实长。

（4）顶面为一斜面，不反映实形。

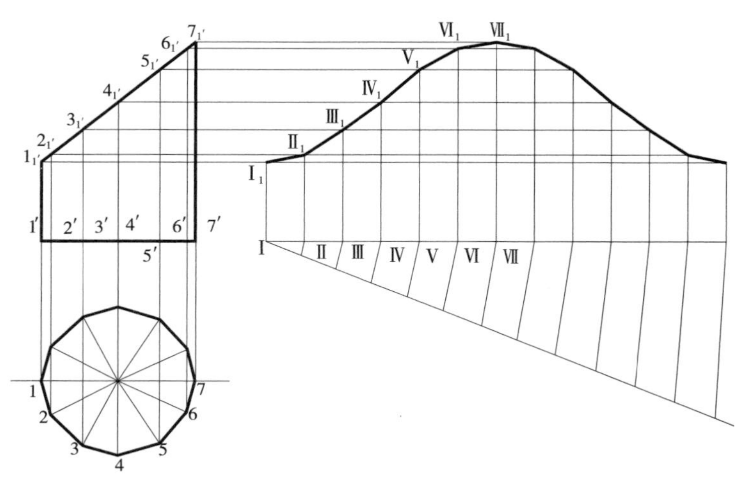

图 1-3-16　斜截正圆柱展开图

2. 作图

（1）将 H 面投影圆分成 12 等份（越多越准确），编上 1、2、3、4、5、6、7 号，后面对称，并由各点向上引铅垂线画出 V 面上的素线。

（2）在 V 面投影右边与圆柱底同高画出一水平线，并量取圆周的长度，用周长等于 MD 较准，然后分成 12 等份，再向上画出素线位置。

（3）自 V 面将各素线的顶点引水平线，得出展开图上各素线的高度，连接各点即为斜截圆柱的柱面的展开图。

（4）斜截面圆柱顶面为一椭圆。如为实心圆柱可用换面法求出椭圆实形。如为空心柱，则不必求上下底。

四、透视图画法

透视图的成像原理与人的眼睛或摄像机的镜头原理相同，具有近大远小的距离感，看上去更真实。这种图符合人的视觉印象，富有立体感，直观性强。但作图相对复杂，度量性较差。多用于建筑或室内外空间设计的空间效果表现传达。

（一）透视的基本术语

透视的基本术语如图 1-3-17、图 1-3-18 所示。

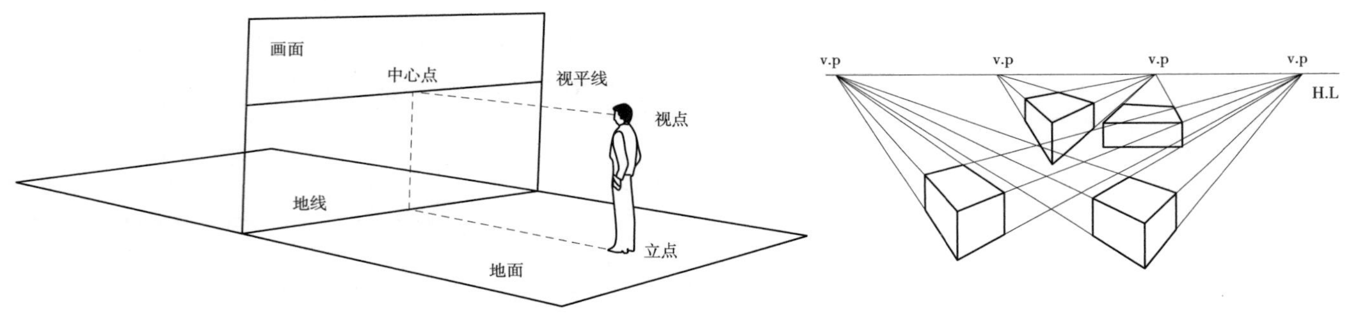

图 1-3-17　透视基本术语

图 1-3-18　透视元素中的消失点

画面：观测者与物体之间的假想面，或称为处置投影面。

视平线：是与画者眼睛平行的水平线。

视点：就是画者眼睛的位置。

视平面：过视点的水平面。

中心线：是视点与中心点的连线，与视平线成直角。

消失点：是与画面不平行的成角物体，在透视中伸远到视平线中心点两旁的消失点。

（二）常用透视方法

1. 一点透视

一点透视又称平行透视，就是有一面与画面平行的正方体或长方体的透视，只有一个消失点。这种透视纵深感强、整齐、平展、稳定，适用于表现庄重、对称空间，如图 1-3-19 所示。

图 1-3-19（a）中的 A、B、C、D 可以假设为是室内一个墙面，AB 为 5m 长，为了表现它的室内空间，先画出 EL 平视线，此线的高度可以根据感觉任意定，图中设的 EL 视

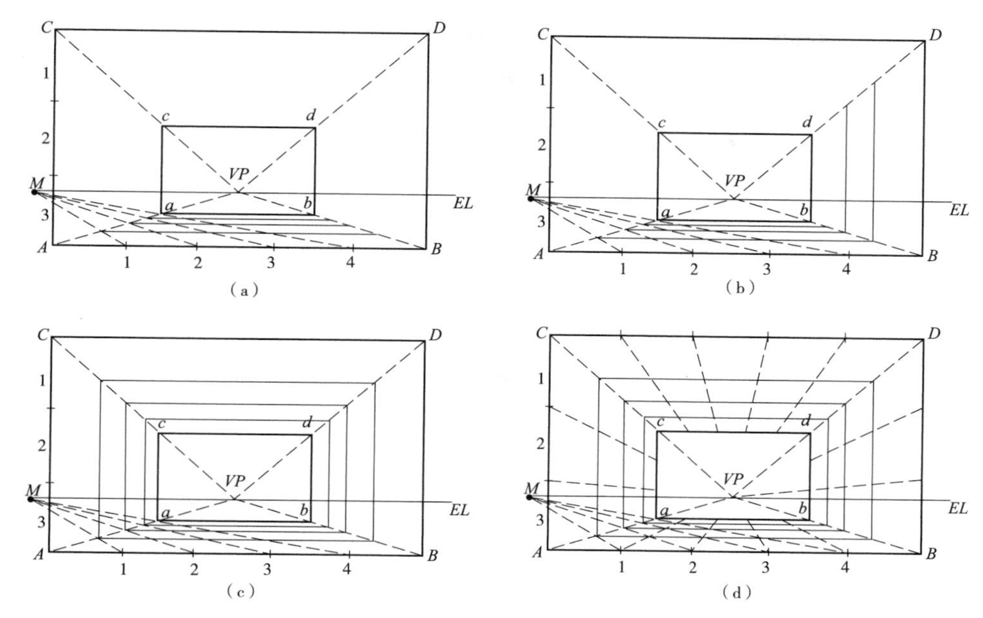

图 1-3-19　一点透视的制图方法

平线高度为 0.8m，图中 *VP* 点为透视灭点，也可以任意定，将 *ABCD* 四点用辅助线延长相交于 *VP* 点上，*M* 点是为量定 *Aa* 点的进深而设置的，也可以任意选点，再从 *M* 点延伸辅助线到 *AB* 段上，并与 1、2、3、4 的各尺度分段相连接，即得出对面墙体的空间进深。

图 1-3-19（b）中的 *Aa* 线段与 *M* 点的辅助线明显相交，可以冲相交点平行画出直线来连接 *Bb* 线，并向上垂直延伸到 *Dd* 线段。

图 1-3-19（c）中再依次画直线到 *Cc* 和 *Aa* 线段上，再由 1、2、3、4 点分别画出直线与 *VP* 灭点相交，此时空间已有了深度感。

图 1-3-19（d）中的左右及顶面分别按长度和高度的尺度分段点画出直线相交于 *VP* 灭点，这样一个准确的透视空间已经完全地表现出来了。

2. 两点透视

两点透视又称成角透视，画面与物体不平行，但画面与地面仍垂直，有两个灭点。作图比一点透视稍复杂，但效果很逼真，适用于大部分的室内外效果图。

假设一个室内高度，如图 1-3-20（a）中 *AB* 高度为 3m。

作图顺序：

（1）定高度，画线段 *AB*=3000mm。

（2）定视平线，做视平线 *HL*。

（3）定消失点，*V*1、*V*2。

（4）定墙角线，*A*、*B* 两点分别与 *V*1、*V*2 连接，只留取延长线，如图 1-3-20（b）所示。

（5）定深度，左墙 =5000mm，右墙 =3000mm（根据平面图的角度），如图 1-3-20（c）所示。

（6）定外墙角，*D*、*E* 与 *V*1 连接，留取延长线；*C*、*F* 与 *V*2 连接，留取延长线，如图 1-3-20（c）所示。

（7）定地面分格线，*BC* 分 3 段——近大远小，与 *V*2 连接，留取延长线；*BD* 分 5

段——近大远小，与 $V1$ 连接，留取延长线，如图 1-3-20（c）所示。

这样空间透视轮廓就画好了。若要强调左墙面，AB 靠近 $V2$；强调右墙面，AB 靠近 $V1$。

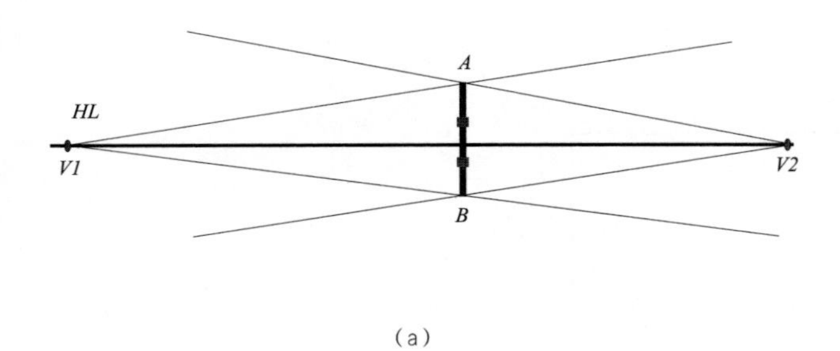

（a）

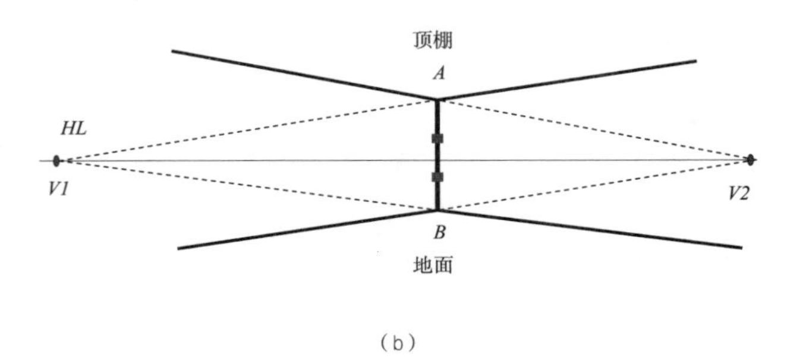

（b）

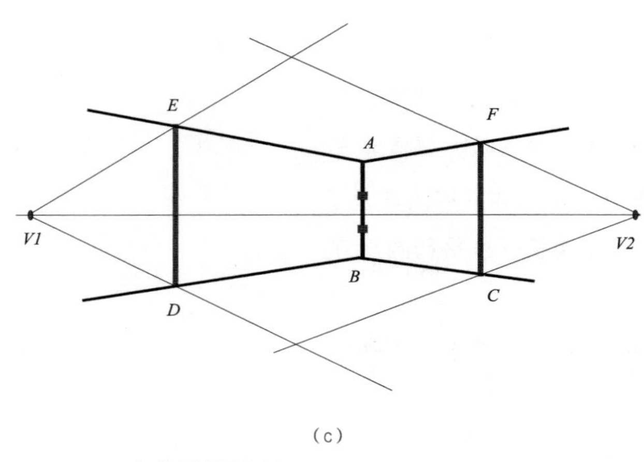

（c）

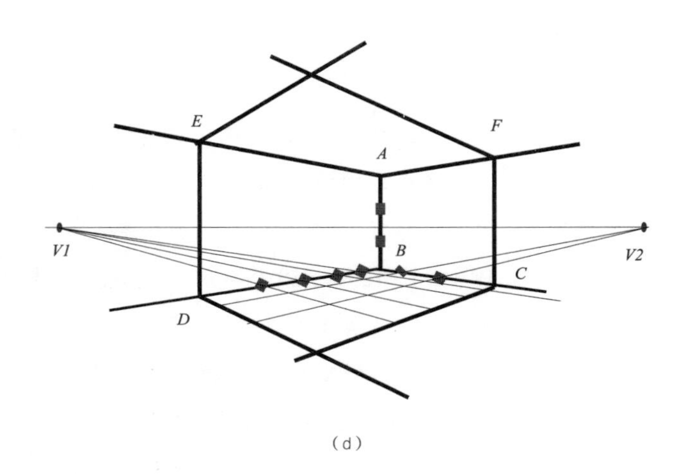

（d）

图 1-3-20 两点透视的制图方法

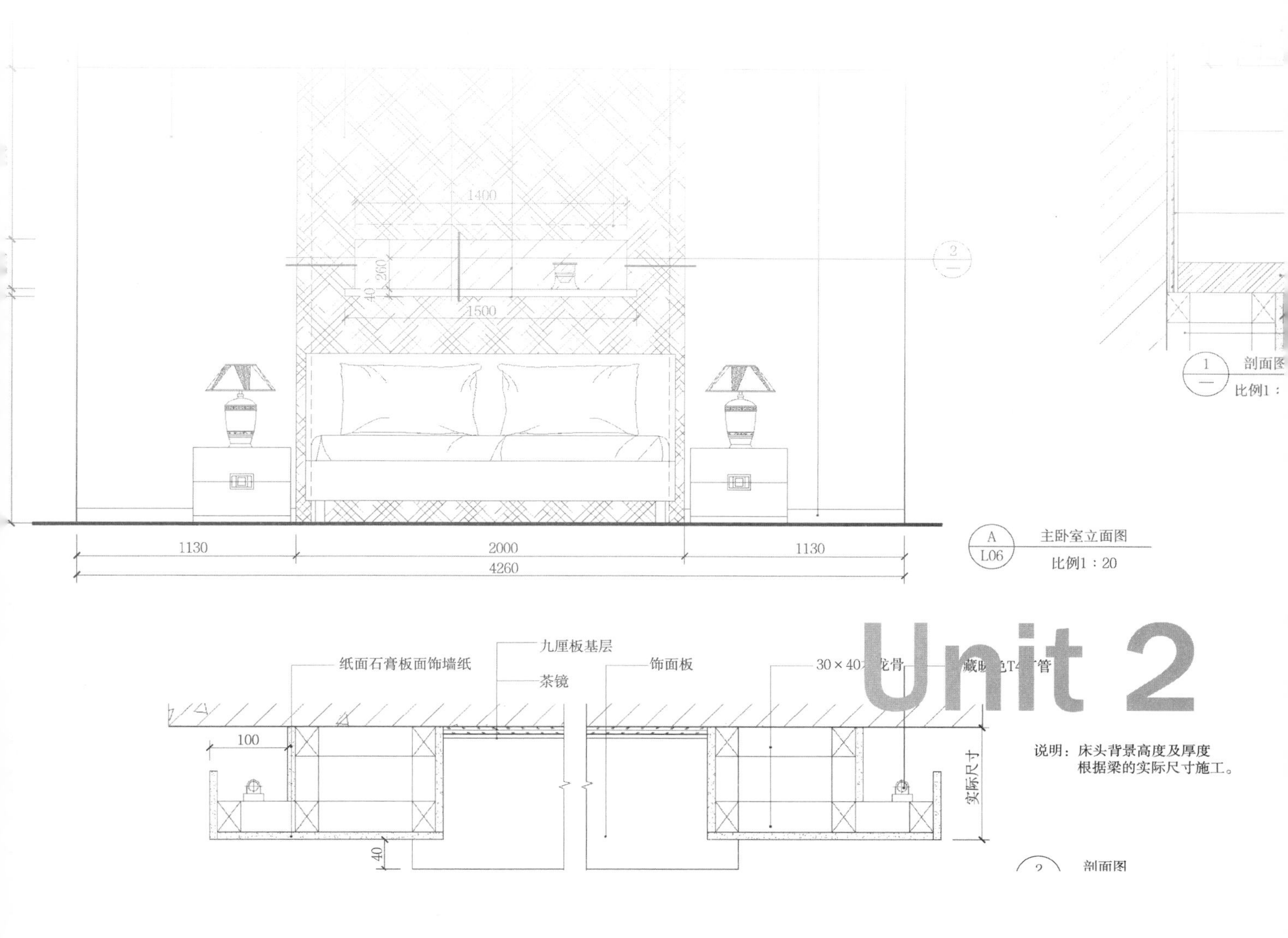

Unit 2

第二部分 制图规范

第一节 建筑的组成及施工图含义

理解了投影的原理和绘制方法，就可以开始正式学习建筑制图的绘制了。建筑制图是由建筑物在二维的投影视图上形成的，它的内容包括总平面、各层平面、顶面、立面、剖面和详图，类型有方案图、施工图、竣工图等。

一、施工图的定义

施工图是设计单位的“技术产品”，是设计意图最直接的表达，是指导工程施工的必要依据。

二、施工图的作用

施工图对工程项目完成后的质量与效果负有相应的技术与法律责任，施工图设计文件在工程施工过程中起着主导作用。

（1）能据以编制施工组织计划及预算。

（2）能据以安排材料、设备订货及非标准材料、构件的制作。

（3）能据以安排工程施工及安装。

（4）能据以进行工程验收及竣工核算。

施工图设计文件除对工程具体材料及做法进行表达外，还应明确与工程相关的标准构配件代号、做法及非标准构配件的型号及做法。

三、施工图设计应符合国家标准设计制图规范

在施工图设计中应积极推广和正确选用国家行业和地方的标准设计，并在设计文件的图纸目录中注明图集名称，其目的在于统一室内设计制图规范，保证制图质量，提高制图效率，做到图面清晰、简明，符合设计、施工、存档的要求，适应工程建设的需要。

四、建筑组成

目前国家还没有正式颁布室内设计和景观设计制图的标准，所以当前基本上是沿用建筑或家具的制图规范。由于室内设计和景观设计制图的专业特点，在某些图线的表达方面与建筑制图尚有区别。于是在实际的绘制工作中，往往出现一些混乱的情况。我们认为，在国内目前的情况下，室内设计的正投影制图还是应该遵循建筑制图的规范。所以下面我们就先从建筑制图方面进行基本介绍，然后再引入到室内装修设计施工图和景观设计施工

图的讲解。

建筑是供人们生活、生产、工作、学习和娱乐的场所，人们的一切生活环境都离不开这个物质载体，从古至今建筑都与我们的生活息息相关。

环境艺术设计、景观设计等学科与建筑有着密切关系。所以要学好环境艺术设计、景观设计制图，首先要掌握基本建筑制图的方法，它是设计制图的基础。

按其使用性质，建筑物一般可分为民用建筑、工业建筑和农用建筑三大类，但其基本组成内容是相似的。其中民用建筑按其使用性质分又可分为居住建筑（如住宅、宿舍等）和公共建筑（如商场、影剧院、体育馆等）。

制图是为了表明建筑物的内外形状大小，各部分构造及布置、装修等内容的图样。为了能看懂图纸，首先我们需要了解建筑物的基本组成和作用。

图 2-1-1 所示为一幢三层楼的传统学生宿舍，首先对房屋各组成部分的名称及其作用作简单介绍。楼房的第一层称为底层（或称一层或首层），往上数，称二层、三层、……、顶层（本例的三层即为顶层）。房屋是由许多构件、配件和装修构造组成的。从图中可知它们的名称和位置。这些构件、配件和装修构造，有些起着直接或间接地支承风、雪、人、物和房屋本身重量等荷载的作用，如屋面、楼板、梁、墙、基础等；有些起着防止风、沙、雨、雪和阳光的侵蚀或干扰的作用，如屋面、雨篷和外墙等；有些起着沟通房屋内外或上下交通的作用，如门、走廊、楼梯、台阶等；有些起着通风、采光的作用，如窗等；有些起着排水的作用，如天沟、雨水管、散水、明沟等；有些起着保护墙身的作用，如勒脚、防潮层等。

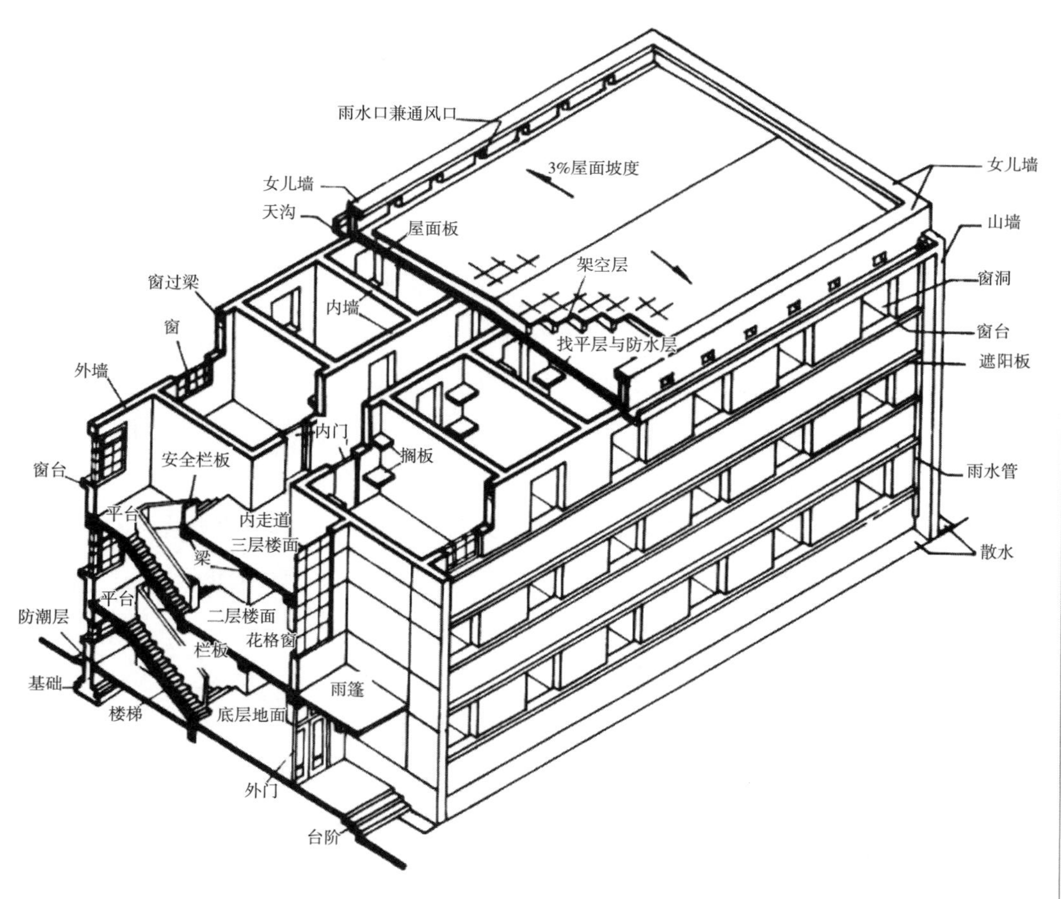

图 2-1-1 房屋的组成

（1）基础。基础是位于墙或柱的最下部，与土层直接接触部分，起支撑建筑物的作用，并把建筑物的全部负荷传给地基。基础的大小取决于荷载的大小、土壤的性能、材料性质和承载方式。

（2）墙和柱。墙和柱是建筑物的承重及围护构件。墙起抵御风霜雨雪和分隔房屋内部空间的作用。按受力情况分为承重墙和非承重墙，承重墙起传递负荷给基础的承受作用。按位置和方向分为外墙和内墙、纵墙和横墙。有时为了扩大空间和建筑结构，不采用墙承重，而采用柱承重。柱是将上部结构所承受的负荷传递给地基的承重构件，按需要将作用在其上的负荷连同自重一起传给墙或其他构件。

（3）楼梯。楼梯是建筑的垂直交通工具，供人们上下楼层和紧急疏散之用。

（4）楼板。楼板是建筑空间的水平承重分隔构件。它将建筑物分隔成若干层，并将其负荷传到墙或柱子上。

（5）门窗。窗主要起采光和通风作用，同时门窗还是影响建筑立面和室内装饰效果的重要构件。

（6）屋顶。屋顶是建筑物顶部构件，形式有坡屋顶、平屋顶等。屋顶由屋面和屋架组成。屋面用以防御风沙雨雪的侵蚀和太阳辐射；屋架支于墙和柱上，并将其自重及屋面的荷载传至墙和柱上。屋顶应坚固、耐久、防渗漏，并能保温和隔热。

图 2-1-1 中屋顶是平屋顶，屋顶面板上设有天沟，屋面上的雨水由天沟经雨水管、室外明沟排至下水管道。

（7）女儿墙。外墙伸出屋面向上砌筑的矮墙。

第二节　图纸的编制顺序

一、施工图的产生

将一幢拟建建筑的内外形状和大小，以及各部分的结构、构造、装修、设备等内容，按照“国标”的规定，用正投影方法，详细准确地画出的图样，称为“房屋建筑图”。它是用以指导施工的一套图纸，所以又称为“施工图”。

建筑的建造一般需经设计和施工两个过程。而设计工作一般又分为两个阶段：一是初步设计；二是施工图设计。对一些技术上复杂而又缺乏设计经验的工程，还应增加技术设计（或称扩大初步设计）阶段，用以协调各工种矛盾和为绘制施工图作准备。

初步设计的目的是提出方案，详细说明该建筑的平面布置、立面处理、结构选型等内容。施工图设计是为了修改和完善初步设计，以符合施工的需要。

现将设计中两个阶段的工作简单介绍如下。

（一）初步设计阶段

1. 设计前的准备

接受甲方任务，明确设计要求，了解相关设计规范和装饰施工工艺，收集资料，调查研究。

2. 方案设计

方案设计主要通过平面、剖立面和立面等图样，把设计意图表达出来。

3. 绘制初步设计图

方案设计确定后，需进一步去解决材料选择、布置和各工种之间的配合等技术问题，从而对方案做进一步的修改。图样按一定比例绘制好后，送甲方征求意见。

（1）初步设计图的内容：包括总平面布置图、建筑平、立、剖面图。

（2）初步设计图的表现方法：绘图原理及方法与施工图一样，只是图样的数量和深度（包括表达的内容及尺寸）有较大的区别。同时，初步设计图图面布置可以灵活些，图样的表现方法可以多样些。例如可画上阴影、透视、配景，或用色彩渲染，或用色纸绘画等，以加强图面效果，表示建筑物竣工后的外貌，以便比较和审查。必要时还可做出小比例的模型来表达。

（二）施工图设计阶段

施工图设计主要是将已经被甲方批准的初步设计图，从满足施工要求的角度予以具体化。为施工安装、编制施工图预算、安排材料设备等制作提供完整正确的图纸依据。

施工图绘制要求严格遵守规范，一套项目的施工图纸要求所有符号一致，由计算机绘制出图。

二、编制顺序

一般工程设计中的施工图包括如下内容。

1. 封面

封面包括项目名称、建设单位名称、设计单位名称、设计编排时间四个部分。

2. 图纸目录

图纸目录是施工图纸的明细和索引。图纸目录应排列在施工图纸的最前面，且不编入图纸序号内，其目的在于出图后增加或修改图纸时，方便目录的续编。

图纸目录应先列新绘制的图纸，后列所选用的标准图纸或重复利用的图纸。

图纸目录编排应注意：

（1）新绘图纸应按首页（设计说明，材料做法，装修门窗表），基本图（平、立、剖面图）和详图三大部类编排目录。

（2）标准图：目前有国家标准图、大区标准图、省市标准图、本设计单位标准图四类。选用的图一般只写图册号及图册名称，数量多时可只写图册号。

（3）重复利用图：多是利用本单位其他工程项目图纸，应随新绘图纸出图。重复利用图必须在目录中写明项目名称、图别、图号、图名。

（4）图号应从“1”开始依次编排，不得从“0”开始。

（5）图纸规格应根据复杂程度确定，并尽量统一，以便于施工现场使用。

3. 首页

（1）设计总说明。主要介绍工程概况，设计依据、设计范围及分工、施工及制作时应注意的事项，其内容包括：

1）本项工程施工图的设计依据。

2）根据初步设计的方案，说明本项目工程的概况。其内容一般应包括工程项目名称、项目地点、建设单位、建筑面积、耐火等级、设计依据、设计构思等。

3）对于工程项目中有特殊要求的施工做法的说明。

4）对采用的新材料、新施工方法的说明。

（2）工程材料做法表。工程材料做法表应包含本设计范围内各部位的装饰用料及构造做法，以文字逐层叙述的方法为主或引用标准图做法与编号，否则应另绘详图说明。

编写表格材料施工方法，应注意：

1）表格中做法应与被索引图册的做法名称、内容一致，否则应加注“参见”二字，并在备注中说明变更内容。

2）详细做法无标准图可引用时，应另见书写说明，并加索引号。

3）对于选用的新材料、新工艺应落实可靠。

（3）装修门窗表。门窗表是一个子项中所有门窗的汇总与索引，目的在于方便工程施工、编写预算及厂家制作。

4. 室内设计施工图图纸

（1）总平面图。

（2）各层平面图。

（3）各铺地图。

（4）各层顶面图（天花图）。

（5）各立面图。

（6）各剖面图。

（7）装饰构造详图。

（8）装修电路施工图。

（9）水路施工图。

（10）设备施工图。

5. 景观设计施工图图纸

一般工程设计中的室外景观园林工程图纸资料包括以下内容。

（1）图纸目录。

（2）工程红线图。

（3）总平面图。

（4）现状图。

（5）规划平面图。

（6）规划剖面图。

（7）设计平面图。

（8）景观分析图。

（9）道路分析图。

（10）定位图。

（11）竖向图分析图。

（12）剖面图（断面图）。

（13）平面详图（例如：入口处局部平面详图、水池平面详图、小庭院平面详图）。

（14）详图（例如：围墙详图、水幕墙详图）。

（15）剖面详图（例如：铺装剖面详图、路缘石剖面详图、挡土墙剖面详图等）。

（16）环境小品配置图。

（17）环境小品详图。

（18）指示系统配置图。

（19）指示系统设计详图。

（20）植被分布现状图。

（21）植被砍伐、移栽规划设计图。

（22）绿化栽植图（包括高、中木植栽图、灌木、地被植物栽植图）。

（23）栽培土壤剖面详图。

（24）树木支架详图。

（25）室外电力设备总图。

（26）给排水设备图。

三、施工图图示特点

（1）施工图中的各图样主要是用正投影法绘制的。通常，在 H 面上作平面图，在 V 面上作正、背立面图，在 W 面上作剖面图或侧立面图。在图幅大小允许的情况下，可将平、立、剖面三个图样按投影关系画在同一张图纸上，以便于阅读。如果图幅过小，平、立、剖面图可分别单独画出。

平面图、立面图和剖面图（简称“平、立、剖”）是建筑施工图中最重要的图样，它们的形成方法已在前面投影知识中介绍过。

（2）建筑形体较大，所以施工图一般都用较小比例绘制。由于建筑内各部分构造较复杂，在小比例的平、立、剖面图中无法表达清楚，所以还需要配以大量较大比例的详图。

（3）由于建筑的构、配件和材料种类较多，为作图简便起见，“国标”规定了一系列的图形符号来代表建筑构配件、卫生设备、建筑材料等，这种图形符号称为图例。为读图方便，“国标”还规定了许多标注符号。所以施工图上会出现大量各种图例和符号。

四、阅读图纸的步骤

图纸的绘制是前述各章投影理论和图示方法及有关专业知识的综合应用。因此，要看懂施工图纸的内容，必须做好下面一些准备工作。

（1）应掌握作投影图的原理和形体的各种表示方法。

（2）要熟识施工图中常用的图例、符号、线形、尺寸和比例的意义。

（3）由于施工图中涉及一些专业上的问题，故应在学习过程中善于观察和了解房屋的组成和构造上的一些基本情况。但对更详细的专业知识应留待专业课程中学习。

一套设计施工图纸，简单的有几张，复杂的有十几张、几十张甚至几百张。当我们拿到这些图纸时，究竟应从哪里看起呢？

首先根据图纸目录，检查和了解这套图纸有多少类别，每类有几张。按目录顺序通读一遍，对工程对象的建设地点、周围环境、建筑物的大小及形状、结构形式和建筑关键部位等情况先有一个概括的了解。然后，根据不同要求，重点深入地看不同类别的图纸。阅读时，应按先整体后局部、先文字说明后图样、先图形后尺寸等依次仔细阅读。阅读时还应特别注意各类图纸之间的联系。

第三节　制图规范与符号设置

目前建筑制图的标准主要是《房屋建筑制图统一标准》(GB/T 50001-2010)(图 2-3-1)。室内设计制图和景观设计制图也都是遵循这个标准。

UDC

中华人民共和国国家标准　GB

P　GB50104—2010

房屋建筑制图统一标准

Standard for architectural drawings

2010-08-18 发布　2011-03-01 实施

中华人民共和国住房和城乡建设部

中华人民共和国国家质量监督检验检疫总局　联合发布

图 2-3-1　房屋建筑制图统一标准

还有其他制图标准，如：

《总图制图标准》GB/T 50103-2010；

《建筑制图标准》GB/T 50104-2010；

《建筑结构制图标准》GB/T 50105-2010；

《给排水制图标准》GB/T 50106-2010；

《暖通空调制图标准》GB/T 50114-2010；

《城市规划制图标准》CJJ/T 97-2010 等。

一、图纸幅面

（一）图幅

图幅是指制图所有图纸的幅面。幅面的尺寸应符合国家制图标准的规定。幅面及图框尺寸见表 2-3-1。

图纸通常有两种形式——横式和立式，以长边为水平边的称横式，以短边为水平边的称立式。

在一套施工图中尽可能使图纸整齐划一，在选用图纸幅面时，应以一种规格为主，避免大小掺杂使用。在特殊情况下，允许加长 0 ~ 3 号图纸的长度和宽度，A4 号图纸不能加长。

表 2-3-1　　幅面及图框尺寸　　单位：mm

尺寸代号	幅面代号				
	A0	A1	A2	A3	A4
$b \times L$	841×1189	594×841	421×594	297×420	210×297
c	10			5	
a	25				

（二）图标（标题栏）和会签栏

图标及会签栏位置见图 2-3-2。

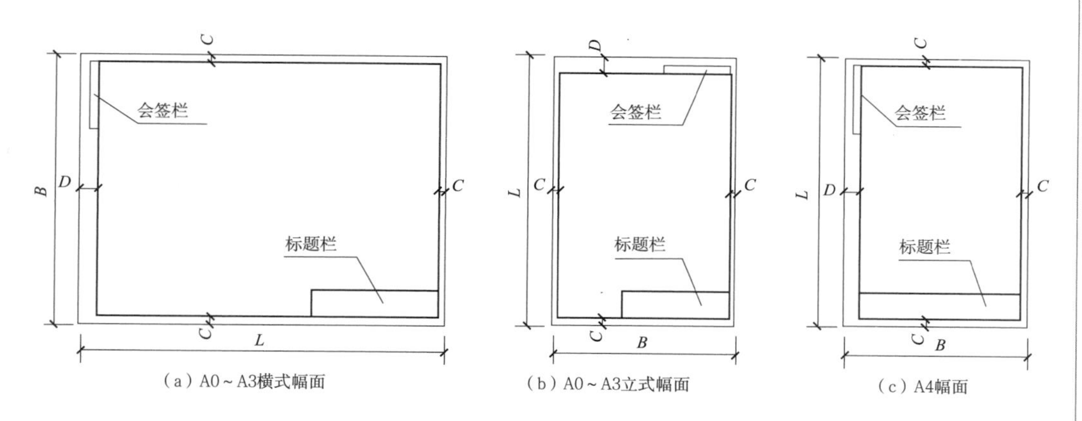

图 2-3-2　图框的样式

1. 图标

常见的图标格式、内容如下图 2-3-3 所示。当需要查阅某张图时，可以从图纸目录中查到该图的工程图号，然后根据这个图号查对图标，就可以找到所需要的图纸。

工程名称是指某个工程的名字，如“某某商场室内装修工程”。

项目是指本工程中的某一施工或设计的建筑部分，如“一楼入口大厅”。

图名表明本张图纸的主要内容，如“平面图”。

<table>
<tr><td colspan="3" rowspan="2">（设计单位全称）</td><td colspan="2">工程名称</td><td colspan="2"></td></tr>
<tr><td colspan="2">项　目</td><td colspan="2"></td></tr>
<tr><td>审　定</td><td></td><td></td><td colspan="2" rowspan="4">图名</td><td>设计号</td><td></td></tr>
<tr><td>审　核</td><td></td><td></td><td>图　别</td><td></td></tr>
<tr><td>设　计</td><td></td><td></td><td>图　号</td><td></td></tr>
<tr><td>制　图</td><td></td><td></td><td>日　期</td><td></td></tr>
</table>

50

180

图 2-3-3　标题栏（单位：mm）

设计号是设计部门对该工程的编号，有时也是工程代号。

图别表明本图所属的工种和设计阶段。

图号表明本图纸的编号顺序（一般用阿拉伯数字注写）。

2. 会签栏

会签栏是为各种负责人签字用的表格，如图 2-3-4 所示。

图 2-3-4 会签栏（单位：mm）

二、图纸编排顺序

设计图纸应按专业顺序编排，一般应为图纸目录、总说明、总图等按专业主体工程要求的内容主次关系，有系统地排列。

三、制图基本线型及用途

在图纸上的线条统称图线。图线的种类、用途见表 2-3-2。

表 2-3-2　　图线的种类与用途

名称		线型	宽度	用　途
实线	粗		b	（1）一般作主要可见轮廓线。 （2）平、剖面图中主要端面的轮廓线。 （3）建筑立面图中外轮廓线。 （4）详图中主要部分的断面轮廓线和外轮廓线。 （5）总平面图中新建建筑物的可见轮廓线
	中		$0.5b$	（1）建筑平、立、剖面图中一般构件的轮廓线。 （2）平、剖面图中次要断面的轮廓线。 （3）总平面图中新建道路、围墙等及其他设备的可见轮廓线和区域分界线。 （4）尺寸起止符号
	细		$0.35b$	（1）总平面图中新建人行道、排水沟、草地、花坛等可见轮廓线、原有建筑物、铁路、道路、围墙的可见轮廓线。 （2）图例线、索引符号、尺寸线、尺寸界线、引出线、标高符号、较小图形的中心线
虚线	粗		b	新建建筑物的不可见轮廓线
	中		$0.5b$	（1）一般不可见轮廓线。 （2）建筑构造及建筑构件不可见轮廓线。 （3）总平面计划扩建的建筑物、铁路、道路、围墙及其他设施轮廓线
	细		$0.35b$	（1）总平面图上原有建筑物和道路等不可见轮廓线。 （2）结构详图中不可见构件轮廓线。 （3）图例线
点划线	粗		b	结构图中的支撑线
	中		$0.5b$	土方填挖区的零点线
	细		$0.35b$	分水线、中心线、对称线、定位轴线
折断线			$0.35b$	不需要画全的断开界限
波浪线			$0.35b$	不需要画全的断开界线

每个图样应先根据形体的复杂程度和比例大小，确定基本线宽 b。b 值可从以下的线宽系列中选取，即 0.18mm、0.25mm、0.35mm、0.5mm、0.7mm、1.0mm、1.4mm、2.0mm，常用的 b 值为 0.35 ~ 1mm，见表 2-3-3。

表 2-3-3 线宽组 单位：mm

粗 b	2.0	1.4	1.0	0.7	0.5	0.35
中 0.5b	1.0	0.7	0.5	0.35	0.25	0.18
细 0.35b	0.7	0.5	0.35	0.25	0.18	

画线时还应注意以下几点：

（1）在同一张图纸内，相同比例的各样图，应采用相同的线宽组。

（2）虚线的线段和间距应保持长短一致。线段长约 3 ~ 6mm、间距约为 0.5 ~ 1mm。点划线或双点划线每一段线的长度应大致相等，约为 15 ~ 20mm。

（3）虚线与虚线、点划线与点划线、虚线或点划线与其他线段相交时，应交与线段处。实线与虚线连接时，应留一间距。

（4）点划线或双点划线的两端不应是点。

（5）图线不得与文字、数字、符号重叠、相交。不可避免时，应首先保证文字等的清晰。

图纸的图框线和标题栏线的线宽见表 2-3-4。

表 2-3-4 图框线、标题栏线的线宽 单位：mm

幅面代号	图框线	标题栏外框线	标题栏分隔线 绘签栏线
A0，A1	1.4	0.7	0.35
A2，A3，A4	1.0	0.7	0.35

四、制图比例

绘图的比例，应根据所需图纸的用途与被绘制对象的复杂程度来选择恰当的比例。

制图所用比例见表 2-3-5。

表 2-3-5 绘图所用的比例

常用比例	1 ∶ 1，1 ∶ 2，1 ∶ 5，1 ∶ 10，1 ∶ 20，1 ∶ 50，1 ∶ 100，1 ∶ 200，1 ∶ 500，1 ∶ 1000，1 ∶ 2000，1 ∶ 5000，1 ∶ 10000，1 ∶ 20000，1 ∶ 50000，1 ∶ 100000，1 ∶ 200000
可用比例	1 ∶ 3，1 ∶ 15，1 ∶ 25，1 ∶ 30，1 ∶ 40，1 ∶ 60，1 ∶ 150，1 ∶ 250，1 ∶ 300，1 ∶ 400，1 ∶ 1500，1 ∶ 2500，1 ∶ 3000，1 ∶ 4000，1 ∶ 15000，1 ∶ 30000

表 2-3-6 是环境艺术设计专业和产品设计专业常用的比例。

表 2-3-6 建筑设计常用比例

图 名	比 例
室内装饰设计平面图、立面图、剖面图	1 ∶ 50
建筑物或构筑物的平面图、立面图、剖面图	1 ∶ 50，1 ∶ 100，1 ∶ 200
建筑物和构筑物的局部放大图	1 ∶ 10，1 ∶ 20，1 ∶ 50
装饰构造详图	1 ∶ 1，1 ∶ 2，1 ∶ 5，1 ∶ 10，1 ∶ 20，1 ∶ 50

表 2-3-7 景观设计专业常用的比例。

表 2-3-7 景观设计常用比例

图名	比例
地理、交通位置图	1 : 25000 ~ 1 : 200000
总体规划、总体布置、区域位图	1 : 2000，1 : 5000，1 : 10000，1 : 25000
总平面图、竖向布置图、管线综合图、土方图、排水图、道路平面图、绿化平面图	1 : 500，1 : 1000，1 : 2000
道路横断面图	1 : 50，1 : 100，1 : 200
道路纵断面图	垂直 1 : 100，1 : 200，1 : 500 水平 1 : 1000，1 : 2000，1 : 5000
场地断面图	1 : 100，1 : 200，1 : 500，1 : 1000
详图	1 : 1，1 : 2，1 : 5，1 : 10，1 : 20，1 : 50，1 : 100，1 : 200

一般在一个图形中只采用一种比例。但在装饰结构图中，有时允许在一张图纸里使用两种比例尺。

比例注写在图名的右方，字的底线应取平，比例的字高应比图名的字高小一号或二号，如图 2-3-5 所示。当整张图纸只用一种比例时，也可以注写在图标内图名的下面。详图的比例应注写在详图索引标志的右下角。

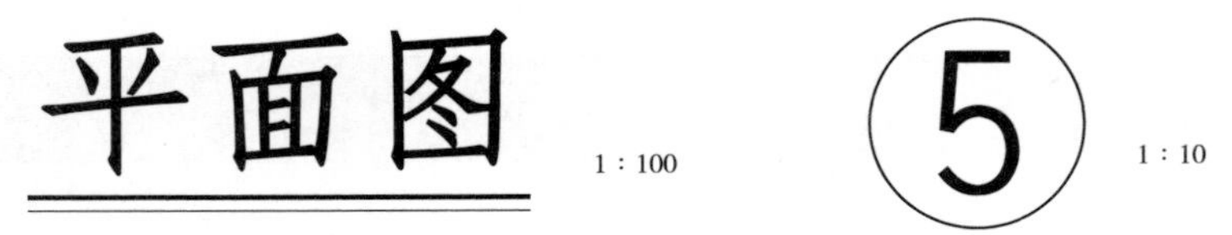

图 2-3-5 比例注写方法

五、字体

在设计图纸中，数字和文字的书写都很重要，如果字迹潦草，容易发生误解，甚至造成工程事故，因此要求字体端正、清楚、排列整齐。

图纸中的汉字一般常采用长仿宋体，见图 2-3-6。

1. 汉字规格

汉字的字高用字号来表示，如高为 5mm 的字就是 5 号字。常用的字号有 2.5、3.5、5、7、10、14、20 等字号。

长仿宋字应写成直体字，其字高与字宽要符合表 2-3-8 的要求。

表 2-3-8 长仿宋体字高与字宽关系图 单位：mm

字高	20	14	10	7	5	3.5	2.5
字宽	14	10	7	5	3.5	2.5	1.8

2. 书写长仿宋字时，要注意字形结构

书写时特别注意起笔、落笔、转折和收笔，务必做到干净利落，笔画不可有歪曲、重叠和脱节现象。同时要根据整体结构的类型和特点，灵活地调整笔画间隔，以增强整个字的匀称和美观。要写好长仿宋字，平时应该多看、多临摹、多写，并且持之以恒。

3. 拉丁字母、阿拉伯数字和罗马数字都可以根据需要写成直体或斜体

斜体的倾斜度应是从底线向右倾斜 75°，其宽度和高度与相应的直体等同，如图 2-3-7 所示。

4. 制图中通常字号使用范围

3.5 号或 5 号：

（1）详图的数字标题。

（2）标题的比例数字。

（3）剖面代号。

（4）图标中的部分文字。

（5）一般说明性文字。

5 号或 7 号：

（1）表格名称。

（2）详图及附注的标题。

7 号或 10 号：各种图的标题。

14 号或 20 号：大标题或封面标题。

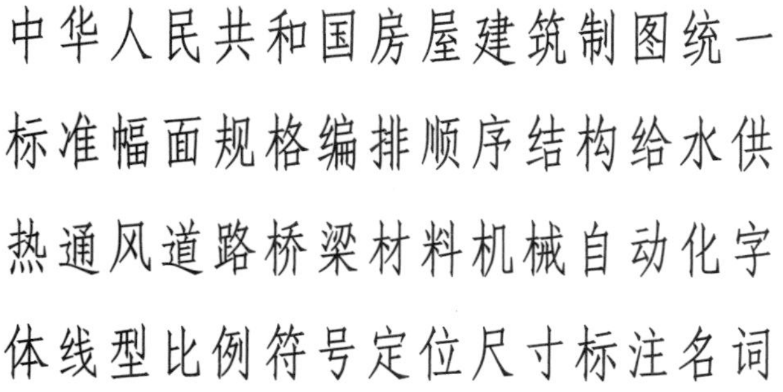

中华人民共和国房屋建筑制图统一
标准幅面规格编排顺序结构给水供
热通风道路桥梁材料机械自动化字
体线型比例符号定位尺寸标注名词

图 2-3-6　长仿宋体

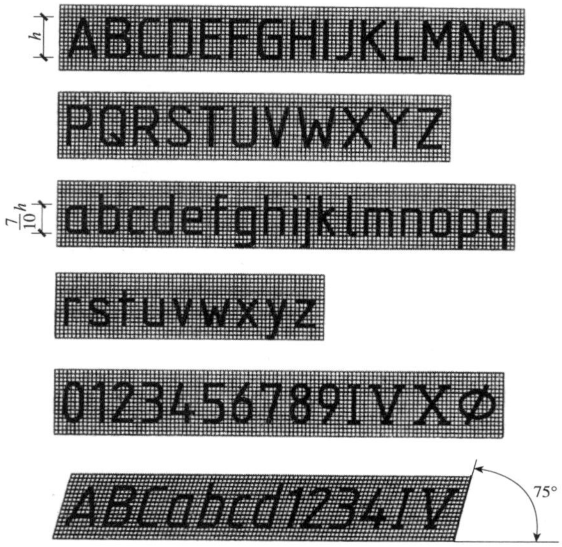

h　ABCDEFGHIJKLMNO
PQRSTUVWXYZ
7/10 h　abcdefghijklmnopq
rstuvwxyz
0123456789IVXΦ

图 2-3-7　直体与斜体

六、尺寸标注

图样只能表示形体，不能表示形体的位置关系，形体的大小和位置是通过尺寸标注解决的。下面介绍几种常用尺寸标注方法。

（一）图样上的尺寸

应包括尺寸界线、尺寸线、尺寸起止符号和尺寸数字，如图 2-3-8 所示。

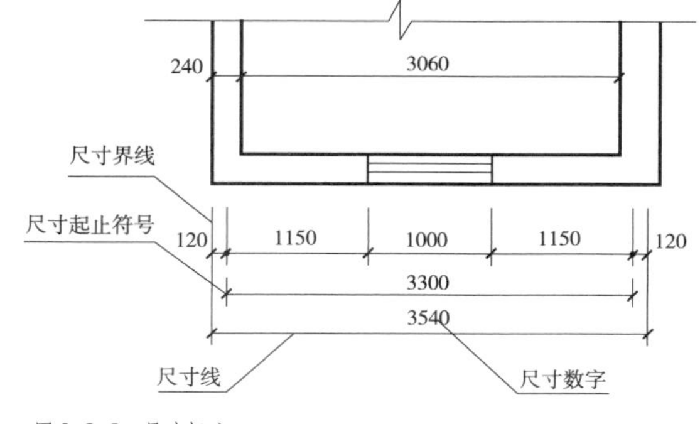

图 2-3-8　尺寸标注

1. 尺寸界线

要用细实线绘制，一般与被注长度垂直，其一端应离开图样轮廓线不小于 2mm，另一端宜超出尺寸线 2 ~ 3mm。必要时图样轮廓可作尺寸界线。

2. 尺寸线

应用细实线绘制，应与被注长度平行，且不宜超出尺寸界线。任何图线均不得用作尺寸线。

3. 尺寸起止符号

一般应用中粗斜短线绘制，其倾斜方向应与尺寸界线成顺时 45° 角，长度宜为 2 ~ 3mm。

4. 尺寸数字

数字高度一般为 2.5mm，一般采用阿拉伯数字书写，长度单位规定为毫米（mm）应省略不写。尺寸数字是实际数字，与画图比例无关。

（二）尺寸的排列与布置

（1）尺寸数字宜标注在图样轮廓线以外，不宜与图线、文字及符号等相交。

（2）尺寸数字宜标注在尺寸线读数上方的中部，如注写位置不够时，最外边的尺寸数字可注写在尺寸界线的外侧，中间的尺寸数字可上下错开注写或引出注写。

（3）互相平行的尺寸线，应从被注的图样最外轮廓线由内向外排列，尺寸标注由最小分尺寸开始。由小到大，先小尺寸和分尺寸、后大尺寸和总尺寸，层层外推。

（三）半径、直径、角度与弧长的尺寸起止符号宜用箭头表示。

1. 直径的标注

标注圆（或大半圆）的尺寸时要注直径。标注直径尺寸时，直径数字前应加符号“ϕ”。在圆内标注尺寸线应通过圆心，两端画箭头指至圆弧。较小的圆的直径尺寸可标注在圆外，如图 2-3-9 所示。

标出的箭头要尖要长，可徒手画也可以用尺画，如图 2-3-10 所示。

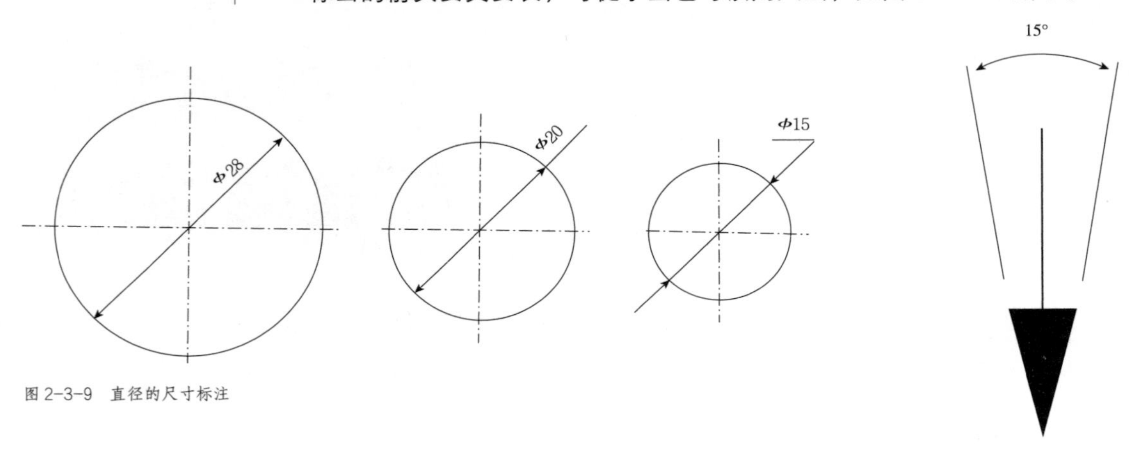

图 2-3-9　直径的尺寸标注

图 2-3-10　箭头的画法

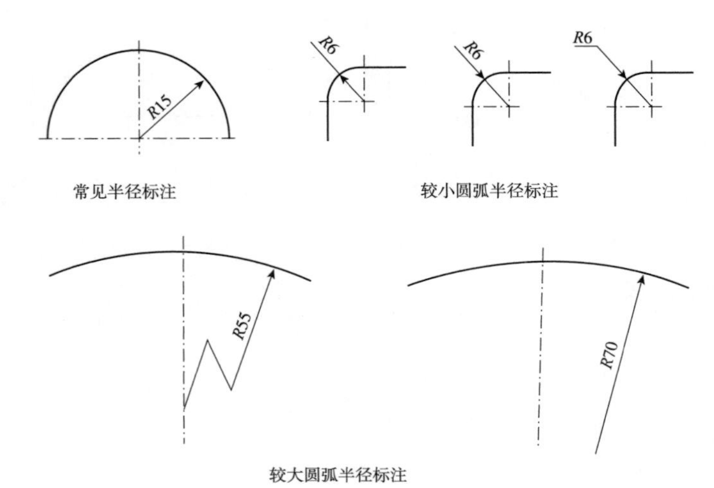

图 2-3-11　半径的尺寸标注

2. 半径的标注

标注半圆（或小半圆）的尺寸时要注半径。应在尺寸数字前加注符号“R”。半径的尺寸线，一端从圆心开始，另一端画出箭头指向圆弧，半径数字一般注在半圆里，较小的圆的半径尺寸，可标注在圆弧外，如图 2-3-11 所示。

3. 弧长、弦长、角度的标注

标注圆弧的弧长时，尺寸线应用与该圆弧同心的圆弧线表示，尺寸界线应垂直于该圆弧的弦，起止符号应以箭头表示，弧长数字的上方应加注圆弧符号。

标注圆弧的弦长时，尺寸线应用平行于该弦的直线表示，尺寸界线应垂直于该弦，起止符号应以中粗斜短线表示，如图 2-3-12 所示。

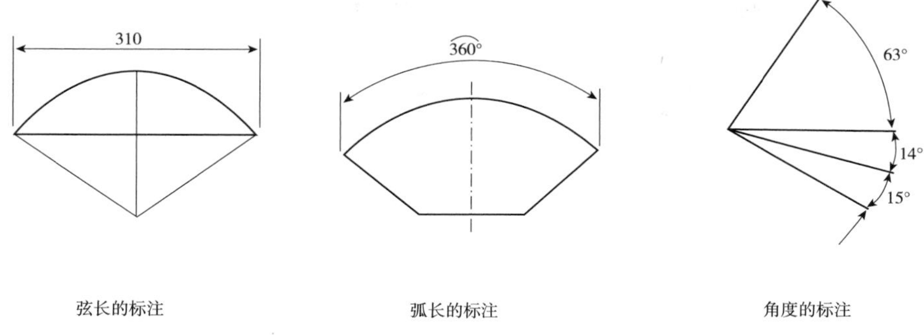

图 2-3-12　弦长、弧长、角度的标注法

角度的尺寸线，应以圆弧线表示。该圆弧的圆心应是该角的顶点，角的两个边为尺寸界线。角度的起止符号应以箭头表示，如没有足够位置画箭头，可用圆点代替。角度数字应水平方向标注。

4. 角度、坡度的标注

坡度的数字可用百分比或比例表示。

标注坡度时，在坡度数字下应加注坡度符号，坡度符号的箭头一般应指向下坡方向，如图 2-3-13 所示。

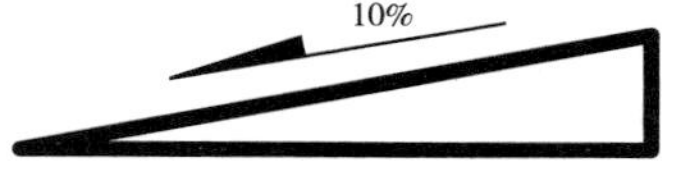

图 2-3-13　坡度标注

七、引出线

1. 引出线用细实线绘制，宜采用水平方向的直线，与水平方向成 30°、45°、60°、90° 角的直线，或经上述角度再折为水平线。文字说明宜写在水平线的上方，见图 2-3-14（a），也可注写在水平线的端部，见图 2-3-14（b）。

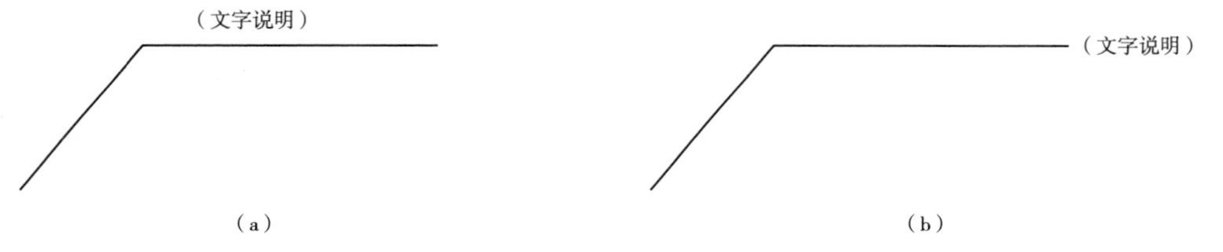

图 2-3-14　通常情况下的引出线标注

2. 图示引出几个相同部分的引出线，宜互相平行，见图 2-3-15（a），也可画成集中于一点的放射线，见图 2-3-15（b）。

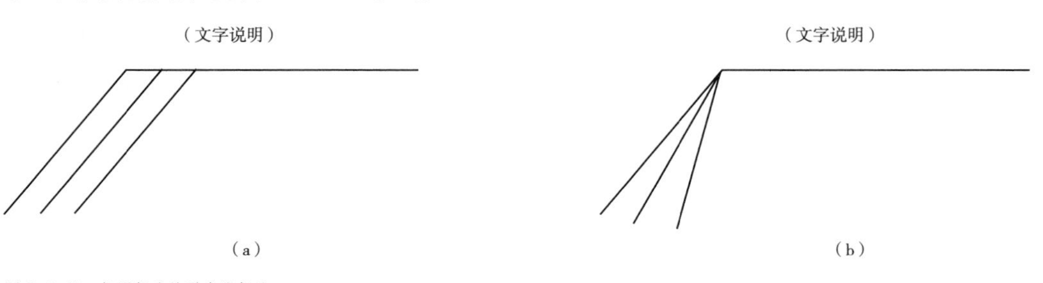

图 2-3-15　相同部分的引出线标注

3. 多层构造或多层管道共用引出线，应通过被引出的各层。文字说明宜注写在水平线上方，或注写在水平线的端部，说明的顺序由上至下，并应于被说明的层次相互一致，如图 2-3-16（a）所示；如层次为横向排序，则由上至下的说明顺序应与左至右的层次相互一致，如图 2-3-16（b）所示。

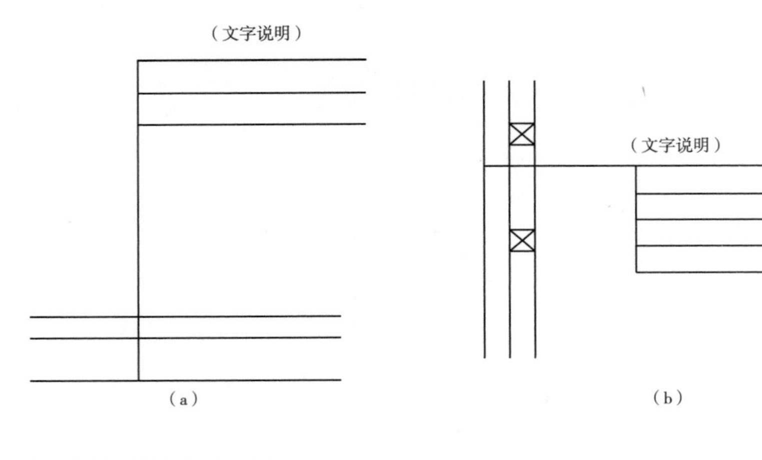

图 2-3-16 多层共用出线的标注

八、曲线标注

不规则曲线和较复杂的图形通常用网格法标注。在标注时，所选用网格的尺寸应能保证曲线或图样的放样精度。精度越高，网格应该越密。尺寸的标注符号与直线相同，如图 2-3-17 所示。

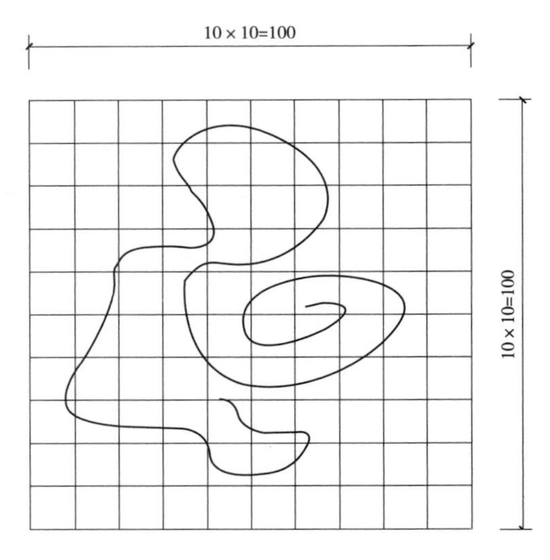

图 2-3-17 曲线标注

九、常用材料图例

在装饰工程图中所用材料常用图例来表示。常用材料图例见表 2-3-9。

表 2-3-9 常用材料图例

材料名称	图例	说明
自然夯土		包括各种自然土壤
夯实土壤		
砂、灰土		靠近轮廓线点较密的点
砂砾石、三合土、碎砖		
天然石材		包括岩层、砌体、铺地、贴面材料
毛石		

续表

材料名称	图 例	说 明
普通砖		包括砌体、砌砖
混凝土		（1）本图例仅适用于承重的混凝土及钢筋混凝土。 （2）包括各种强度等级、骨料、添加剂的混凝土。 （3）在剖面图上画出钢筋时、不画图例线。 （4）断面较窄、不易画出图例线时，可涂黑
钢筋混凝土		
多孔材料		包括水泥珍珠岩、沥青珍珠岩、泡沫混凝土、非承重加气混凝土、泡沫塑料、软木等
木材		上图为横断面，左上图为垫木、木砖、木龙骨，下图为纵断面
金属		（1）包括各种金属。 （2）图形小时可涂黑

十、轴线符号

定位轴线：在施工图中通常将房屋的基础、墙、柱、墩和屋架等承重构件的轴线画出，并进行编号，以便于施工时定位放线和查阅图纸，这些轴线称为定位轴线。

（1）根据“国标”规定，定位轴线采用细点划线表示，如图 2-3-18 所示。

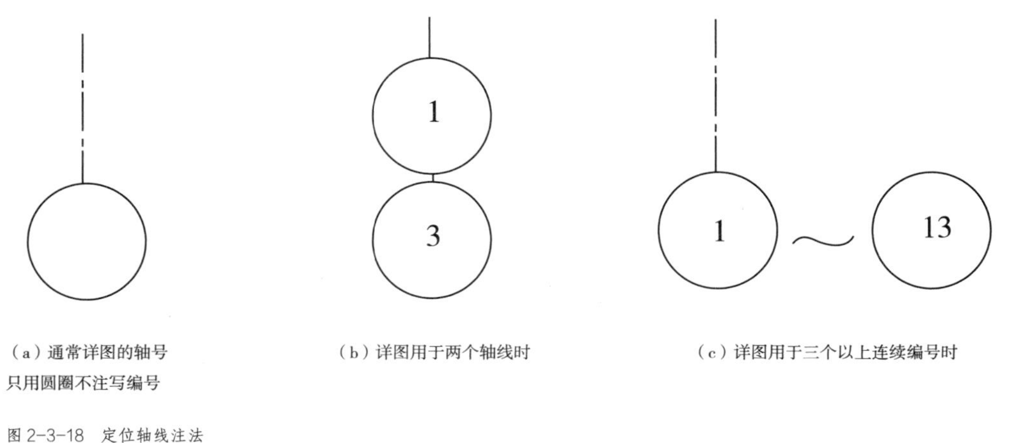

图 2-3-18 定位轴线注法

（2）轴线编号的圆圈用细实线。直径一般为 8mm 和 10mm。直径为 8mm（A3、A4 幅面）和 10mm（A0、A1、A2 幅面以及详图）。

（3）在圆圈内写上编号。在平面图上水平方向的编号采用阿拉伯数字，从左向右依次编写（1 ~ 9）。垂直方向的编号用大写拉丁字母自下而上顺次编写（A ~ E）。拉丁字母中的 I、O、Z 三个字母不得作为轴线编号，以免与数字 1、0、2 混淆。在较简单或对称的房屋中，平面图的轴线编号一般标注在图形的下方及左侧。较复杂或不对称的房屋，图形上方或右侧也可标注，如图 2-3-19、图 2-3-20 所示。

对于一些与主要承重构件相联系的次要构件，它的定位轴线一般作为附加轴线，编号可用分数表示。分母表示前一轴线的编号，分子表示附加轴线的编号，用阿拉伯数字顺序编写，如图 2-3-21 所示。

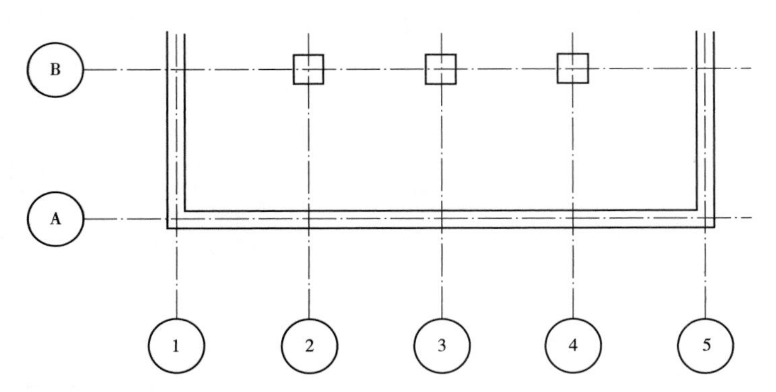

图 2-3-19　定位轴线注法

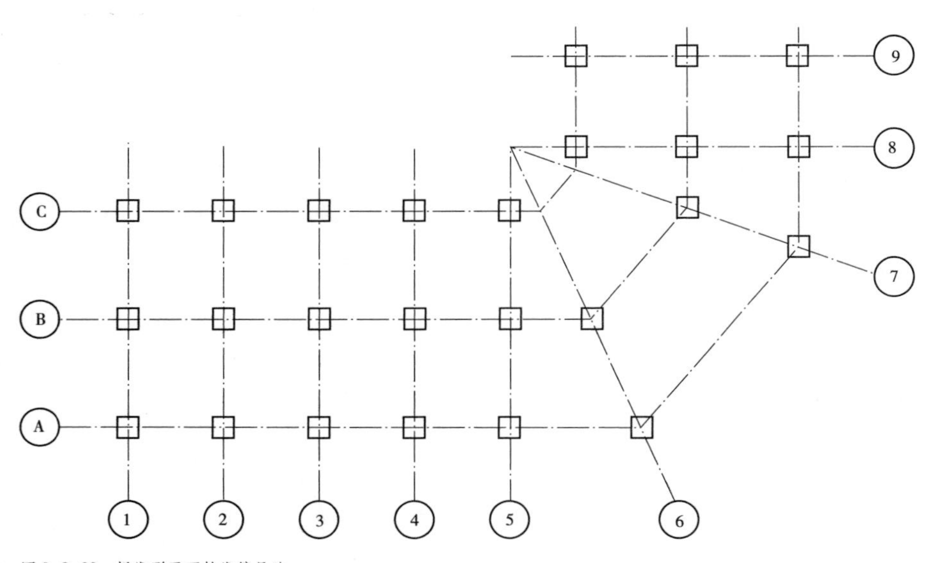

图 2-3-20　折线形平面轴线编号法

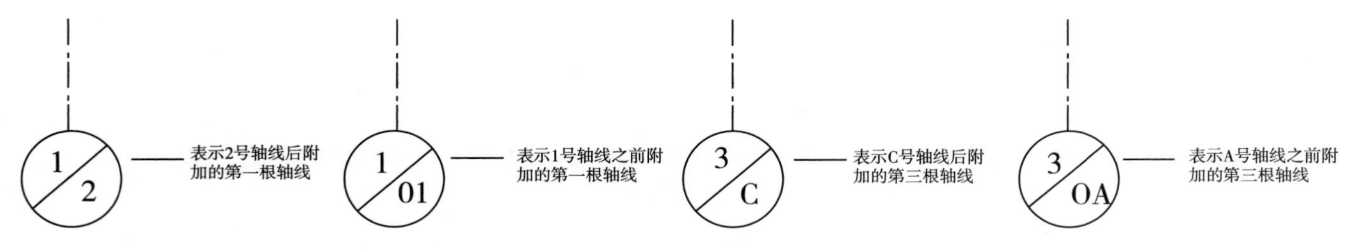

图 2-3-21　附加轴线表示方法

十一、标高符号

标高是标注建筑物高度的另一种尺寸形式，用符号“▽——”表示。下面横线为某处高度的界限，上面符号注明标高，但应注在小三角的外侧，小三角的高度约为 3mm，如图 2-3-22 所示。

总平面图的室外平整标高采用符号“▼”表示。

标高单位为米（m）。“国标”规定准确到毫米，注到小数点后第三位。总平面图标高注至小数点以后第二位。

在图样的同一位置需表示几个不同的标高时，可在一个标高符号上注写多个数字，如图 2-3-22 所示。

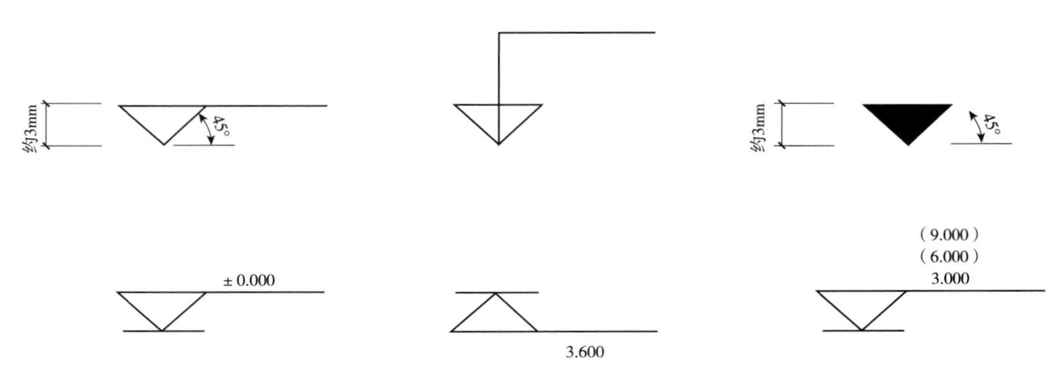

图 2-3-22　标高符号及画法

标高分为绝对标高和相对标高两种。

绝对标高是指把我国青岛附近的黄海平均海平面作为绝对标高的零点而测量的高度尺寸，其他各地标高都以它作为基准。如北京绝对标高在 40m 以下。绝对标高的数值，一律以米（m）为单位，一般注至小数点后两位。

一栋建筑的施工图需注明许多标高，如都采用绝对标高，数字就很繁琐。所以一般都用相对标高，即是把某一建筑首层定为标高零点，写作“±0.000”。高于它为正，但一般不注“+”号；低于它为负，必须注明“-”号，如“-0.600”。

十二、剖切符号

1. 剖视的剖切符号应符合以下规定（图 2-3-23）

（1）剖视的剖切符号应由剖切位置线及投射方向线组成，均以粗实线绘制。剖切位置线的长度宜为 6 ~ 10mm；投射方向线垂直于剖切位置线，长度短于剖切位置线，宜为 4 ~ 6mm。绘制时，剖切符号不应与其他图线接触。

（2）剖视的剖切符号的编号宜采用阿拉伯数字，按顺序由左至右、由上至下连续编排，并应注写在剖视方向线的端部。

（3）需要转折的剖切位置线，应在转角的外侧加注与该符号相同的编号。

（4）建（构）筑物的剖面图的剖切符号宜注在标 ±0.000 标高的平面图上。

2. 断面的剖切符号应符合下列规定（图 2-3-24）

（1）断面的剖切符号应只用剖切位置线表示，并加以粗线绘制。

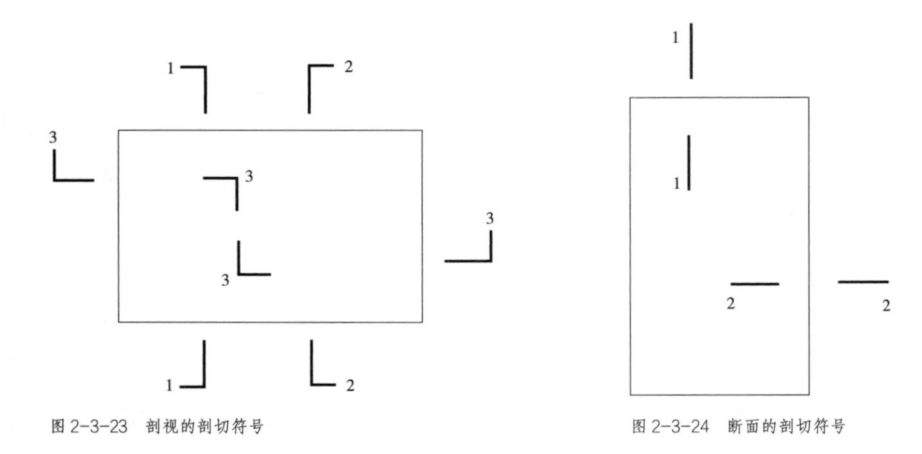

图 2-3-23 剖视的剖切符号

图 2-3-24 断面的剖切符号

（2）断面剖切符号的编写宜采用阿拉伯数字，按顺序连续编排，并应注写在剖切位置线的一侧；编号所在的一侧应为该断面的剖视方向。

十三、索引号和详图符号

为方便施工时查阅图样，在图样中的某一局部或构件，如需另见详图时，常常用索引符号注明详图的位置、编号以及所在的图纸编号来方便查找，按"国标"规定，标注方法如下：

1. 索引符号

用一引出线指出要画详图的地方，在线的另一端画一细实线圆，其直径为 10mm。引出线应对准圆心，圆内过圆心画一水平线，上半圆中用阿拉伯数字注明该详图的编号，下半圆中用阿拉伯数字注明该详图所在图纸的图纸号。如详图与被索引的图样同在一张图纸内，则在下半圆中间画一水平细实线。索引出的详图如采用标准图，应在索引符号水平直径的延长线上加注该标准图册的编号，见图 2-3-25。

当索引符号用于索引剖面详图时，应在被剖切的部位绘制剖切位置线。引出线所在一侧应为剖视方向，图 2-3-26 表示向下剖视。

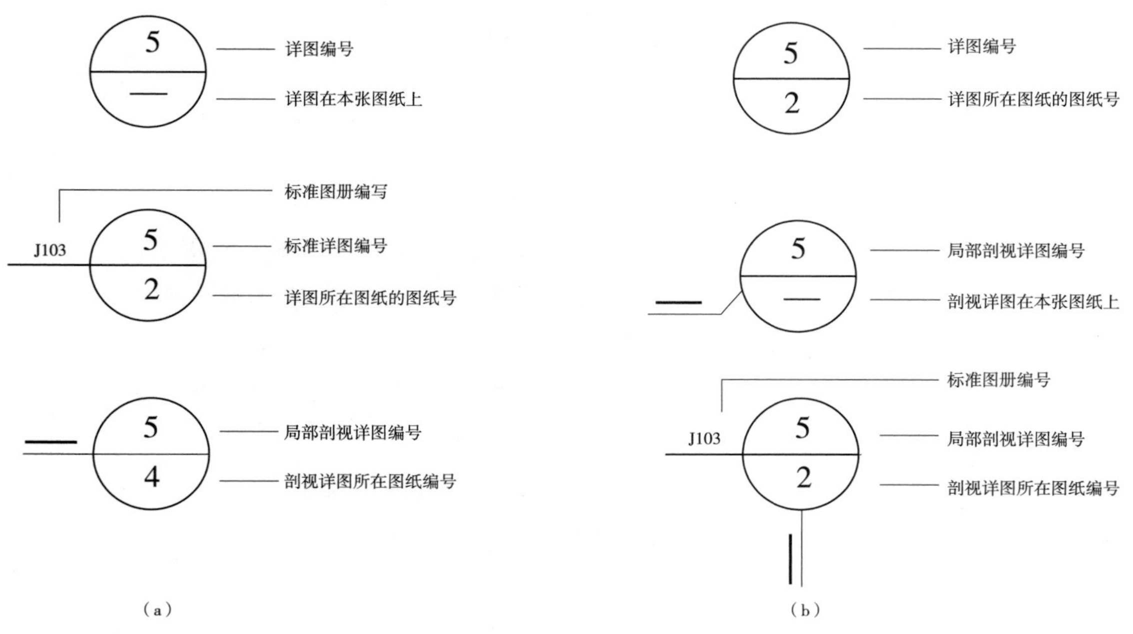

图 2-3-25 索引符号表示法

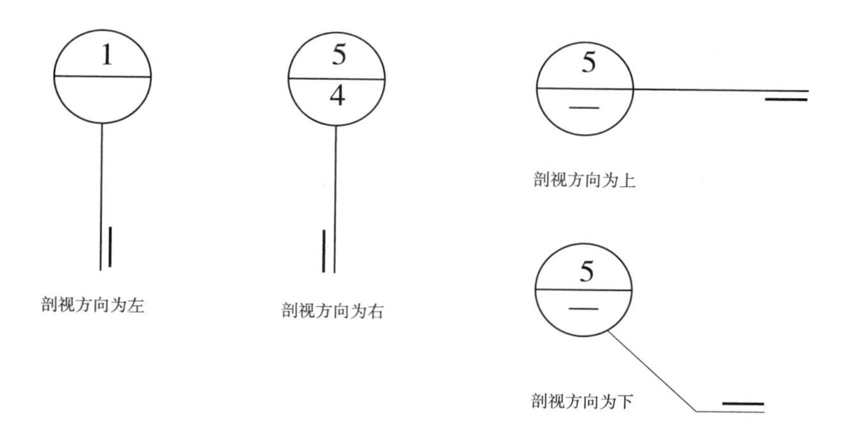

图 2-3-26　索引符号所表示剖视方向

2. 详图符号

本符号表示详图的位置和编号，它用一粗实线圆绘制，直径为 14mm。详图与被索引的图样同在一张图纸内时，应在符号内用阿拉伯数字注明详图编号，如图 2-3-27 所示。如不在同一张图纸内，可用细实线在符号内画一水平直径，在上半圆中注明详图编号，在下半圆中注明被索引图纸号。也可不注被索引图纸的图纸号。

图 2-3-27　详图符号表示方法

十四、中心对称符号

中心对称符号表示图样中心对称。

中心对称符号由对称号和中心对称线组成，对称号以细实线绘制，中心对称线以细点划线表示，其尺寸如图 2-3-28 所示。

当所绘对称图样需表达出断面内容时，可以中心对称线为界，一半画出外形图样，另一半画出断面图样，如图 2-3-29 所示。

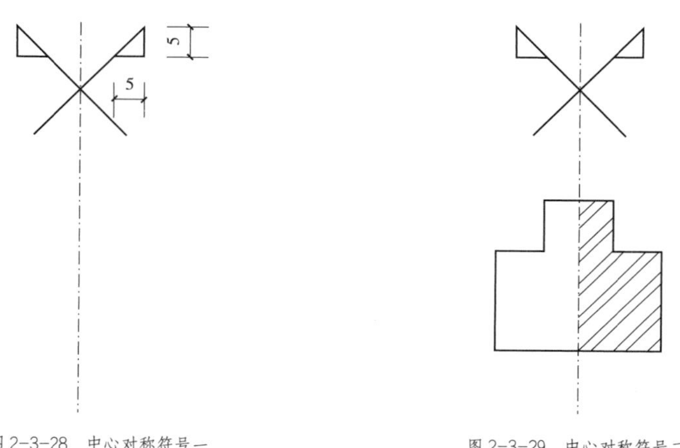

图 2-3-28　中心对称符号一

图 2-3-29　中心对称符号二

第四节 关于制图负责人

由于每一工程项目的实际情况及要求都有不同，许多问题未能在制图规范中明确规定，因此需要针对每一项目的实际制图情况及要求，由项目负责人在本规范设置的前提下，进一步做出具体选择，以下内容为项目负责人常见的选择内容。

1. 排图及图纸目录

按制图排序原则，项目负责人需要进一步明确每张图、每段剖立面及立面在整套图纸中的排序，以及对各详图排序的明确，在此基础上最终完成全套图纸的目录单。

2. 材料编号

针对具体设计对象，明确每项材料类别中的具体材料编号及排序。

3. 统一未明确图例

设计中运用了某些未在本规范明确的范围内的材料、光源等，需由项目负责人重新决定未明确的图例画法。

4. 合并与选项

由于每个项目的繁简度和要求不一，项目负责人可将某些图纸内容合并为一张图，或是删减某些选项。

5. 肌理填充

针对不同的制图对象，项目负责人需决定是否进行肌理填充，或是肌理填充的灰度与密度等问题，同时对于规范中未明确材质的肌理填充，需另行决定。

6. 统一图块

在多人同时合作制图的项目中，当某些内容有多种图块可选择时，项目负责人需将其统一明确。

7. 尺寸标注深度

如果对尺寸标注深度的需求超出了本规范关于深度设置的六种运用情况，则项目负责人可进一步明确规定。

8. 电脑分层

由于各项目繁简要求不一，可由项目负责人进一步就实际情况决定合并或是增设哪些层次。

9. 图幅及比例设定

对于有些超常规尺寸的平面、立面图，项目负责人可从可选比例中自行决定，并明确相应的图幅，如有分图，需明确分图与分图的划分范围和比例。

第五节 制图中常见错误

1. 尺寸标注矛盾

整套图纸之间对同一图样的尺寸标注不统一。

2. 剖视方向错误

剖视方向与剖切符号不符合。

3. 有号无图、有图无号

室内施工图中有索引号，室内详图中无此内容；室内详图中有此内容，室内施工图中无引出号。

4. 材料标注矛盾

室内施工图与室内详图之间对同一材料标注不统一。

5. 图纸号编错

图纸号与索引号对不上。

6. 图与标题不符

图面内容与图框标题不符。

7. 尺寸、材料漏标

同一内容在不同图面内均需标注，而实际情况却漏注漏标。

8. 图面编排混乱、无秩序感

各类引出线编排无序，干扰读图的逻辑性与条理性。

9. 顺序漏项、跳项

不按制图顺序由大渐小的原则进行，如从立面至节点的过程中常有断面图漏项。

10. 尺寸线引出方向错误

尺寸标注方向与被注体之间的投影方向不符。

11. 填充比例不当

不同材料的填充比例不当，不同肌理面的填充比例不当。

12. 数字、文字、符号的比例设置不当

不按规定之大小设置。

13. 图线的线宽选择不当

不按规定的线宽制图。

14. 比例设置不当

对不同尺度的制图对象（详图）比例设定不当。

15. 制图深度与制图阶段不符

如室内施工图阶段，所标注的尺寸内容已达到室内详图阶段的深度。图面所示内容应同制图阶段的深度相统一。

16. 制图深度与制图比例不符

所绘制图样的制图深度与其相对应的比例不符，如在室内施工图阶段的深度就达到了室内详图的深度，或是室内详图阶段的深度仍停留在室内施工图阶段。

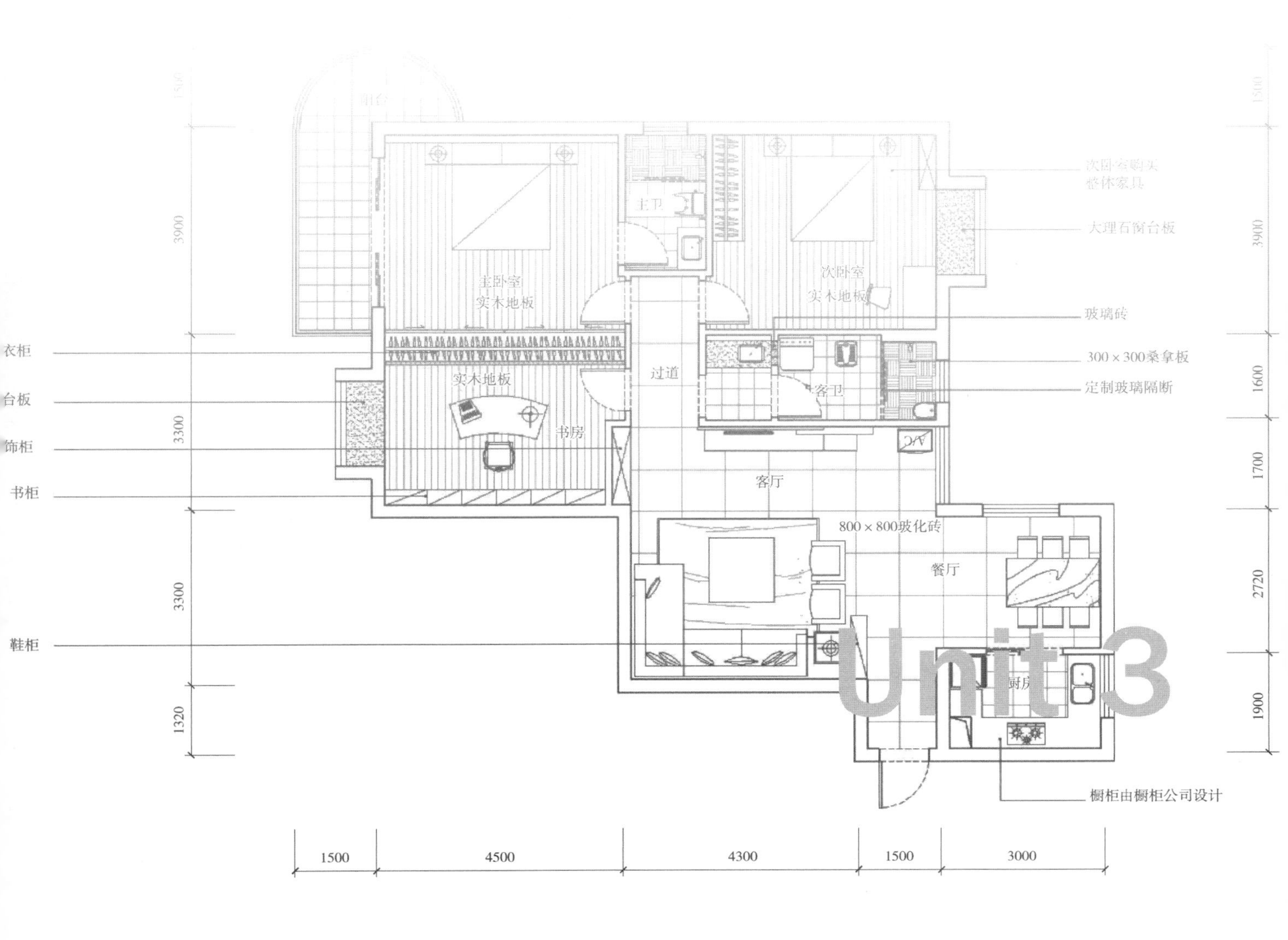

第三部分 建筑及室内设计制图

第一节　平　面　图

一、概述

平面图是室内设计施工图中最基本、最主要的图纸，其他图纸（如立面图、剖面图及其某些详图）是以它为依据派生和深化而成的，同时平面图也是其他相关工种（如结构、设备、水暖、消防、照明、配电等）进行分项设计与制图的重要依据。反之，其他工种的技术要求也主要在平面图中表示。

平面图是假想用一水平剖切平面沿房屋的门窗洞口（距地面 1.5m 左右）将房屋整个切开，移去上面部分，对其下面部分作出的水平剖面图，称为建筑平面图，简称平面图，如图 3–1–1、图 3–1–2 所示。

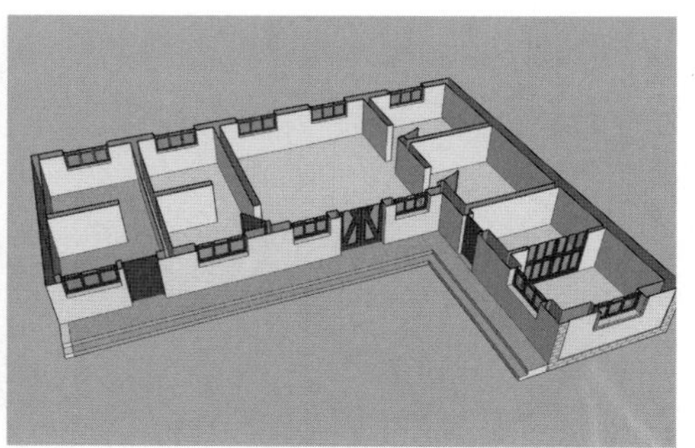

图 3–1–1　平面图生成过程

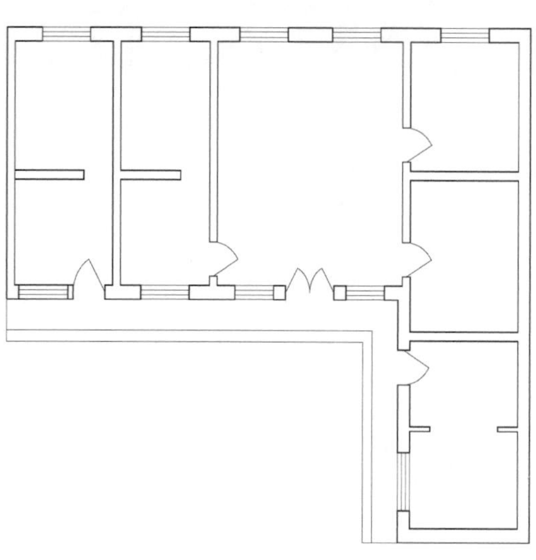

图 3–1–2　平面图

沿底层门窗洞口剖切得到的平面图称为底层平面图或一层平面图。用同样的办法亦得到二层平面图、三层平面图、……、顶层平面图。如果中间各层的房间平面布置完全一样时，则不同楼层可用一个平面图表示，该平面图称为标准层平面图，否则每一层都要画出平面图。当建筑平面图为对称图形时，可将两层平面图画在同一个图上，即不同楼的平面图各画一半，其中间用一对称符号作分界线，并在图的下方分别标注相应的图名。但底层平面图需完整画出。

建筑平面图中还包括屋顶平面图，也称屋面排水示意图。它是房屋顶面的水平投影，用来表示屋面的排水方向、分水线坡度、雨水管位置等。图中还应画出凸出屋面以上的水箱、烟道、通风道、天窗、女儿墙以及俯视方向可见的房屋构造物，如阳台、雨篷、消防梯等。如果屋顶平面图中的内容很简单，也可省略不画，但排水方向、坡度需在剖面图中表示清楚。

图 3-1-4 ~ 图 3-1-6 和图 3-2-1 分别是某别墅的底层平面图、二层平面图、三层平面图和屋顶平面图。

二、平面图表达内容与图示方法

（1）表示图名、比例、朝向。图名是“某某平面图”，比例通常采用 1 ： 100，这是根据大小和复杂程度而定的。在室内设计中平面设计图通常用 1 ： 50 的比例，这样反映细节比较清晰。

（2）定位轴线及编号。标注墙、柱、墩等承重结构轴线编号（在第一部分第三节已作介绍），标出房间的名称或编号。

（3）注出室内外的有关尺寸及室内楼、地面的标高（底层地面为 ±0.000m）。

在平面图中基本尺寸线有三道标注：

1）第一层即外部尺寸线，表示建筑总的长度或宽度。

2）第二层尺寸线，表示每轴线尺寸距离即开间和进深的尺寸。

3）第三层尺寸线即最里一道，表示门窗洞口、墙垛、墙厚等详细尺寸。

（4）表示电梯、楼梯位置及楼梯上下方向及主要尺寸。

（5）表示阳台、雨篷、踏步、斜坡、通气竖道、管线竖井、烟囱、消防梯、雨水管、散水、排水沟、花池等位置及尺寸。

（6）标出卫生器具、水池、工作台、厨、柜、隔断及重要设备位置。室内设计图还要标明家具的摆放以及一些装饰物品，如植物、地毯等。

（7）表示地下室、地坑、地沟、各种平台、阁楼（板）、检查孔、墙上留洞、高窗等位置尺寸与标高。如果是隐蔽的或在剖切面以上部位的内容，应用虚线表示。

（8）画出剖面图的剖切符号及编号（一般只注在底层平面）。

（9）标注有关部位上节点详图的索引符号。

（10）在底层平面图附近画出指北针（一般取上北下南）。

（11）屋面平面图一般内容有：女儿墙、檐沟、屋面坡度、分水线与落水口、变形缝、楼梯间、水箱间、天窗、上人孔、消防梯及其他构筑物、索引符号等。

以上所列内容，可根据具体项目的实际情况进行取舍。

三、平面图中绘制要求

1. 图线要求

（1）建筑平面中剖切到的主要建筑构造的轮廓线（即墙线和结构柱），用线宽为 b 的粗实线。

（2）被剖切到的次要建筑构件的轮廓线，用线宽为 $0.5b$ 的实线，如门、窗、楼梯踏步、地面高低变化的分界线、台阶、花坛、明沟、散水等。

（3）图例线和线宽小于 $0.5b$ 的图形线，如在固定设施与卫生器具轮廓线内的图线、家具图线等，可用线宽为 0.35*b* 的细实线。

（4）建筑结构的不可见轮廓线，可用线宽为 0.5*b* 的中虚线，也可用线宽为 0.35*b* 的细虚线。

2. 图例

由于平面、立面、剖视图常用 1∶100、1∶200 或 1∶50 等小比例，图样中有一些构造和配件，不可能也不必要按实际投影画出，只需要用规定的图例表示，表 3-1-1 列出了一些常用构造及设备图例，图 3-1-3 为平面常用设备图例。

表 3-1-1 常用构造及设备图例

名称	图例	说明	名称	图例	说明
单扇门（包括平面或单面弹簧门）		1. 在立面图中，开启方向线交角一侧，为安装合页一侧。实线为外开，虚线为内开； 2. 在平面图中开启弧线及立面图中的开启方向线，在一般的设计图上不表示，仅在制作详图上表示	单层固定窗		1. 立面图中的斜线表示窗的开关方向，实线为外开，虚线为内开；开启方向交角的一侧为安装合页的一侧； 2. 平、剖视图中的虚线，仅说明开关方式，在设计图中不需要表示
双扇门（包括平面或单面弹簧门）			单层外开上悬窗		
对开折叠门			单层中悬窗		
墙内单扇推拉门			单层外开平开窗		
单扇双面弹簧门			双层内外开平开窗		
双扇双面弹簧门			坑槽		
			烟道		
孔洞			通风道		
检查孔		左图为可见检查孔；右图为不可见检查孔			

有线广播站
电话机
自动式电话机
辐射式调度电话机
电话交换机或总机
自动式电话交换机
共电式电话交换机
辐射式调度电话总机
声柱
声环
传声器（送话器）
扬声器
母钟站
母钟分站
双面子钟
单面子钟
火警信号报警器
电话分线盒
分线箱
煤气炉灶
煮锅

烧固体燃料无火墙的砖炉灶
烧固体燃料有火墙的砖炉灶
可移动的烧固体燃料并有铁架的砖炉灶
煤气热水罐
洗涤盆、污水盆
带篦子的洗涤盆
洗脸盆
盥洗槽
化验盆
浴盆
淋浴喷头
下身盆
斗式小便器
小便槽
蹲式大便器
坐式大便器
自动冲洗水箱
圆形地漏
饮水龙头
明装消火栓（平面）
暗装消火栓（平面）
上水管井、下水管井、排水沟井

烧水锅
钢制锅炉
铸铁热水炉
铸铁蒸汽锅炉
水表井
渗水井
水源井
闸阀框
化粪池
柱式散热器
光管散热器
翼片式散热器
预热器
暖风机
压缩机
热交换器
无磨砂玻璃万能型（工厂罩）灯具
珐琅质深照型灯具
镜面深照型灯具
乳白玻璃圆球罩
局部照明装置
搪瓷伞形罩（铁盆罩）

风扇变阻开关
吊式风扇
台式风扇
马路弯灯
荧光灯
花灯
镶入或半镶入式盒灯
一般明装 双极插座
一般暗装 双极插座
一般明装 双极插座带接地插孔
一般暗装 双极插座带接地插孔
明装 单极开关（搬把开关）
暗装 双极开关（楼梯间用）
明装 双极开关（楼梯间用）
明装 防水 明装 一般 拉线开关
电杆
灯的投照方向 带灯具的电杆
电铃
蜂鸣器
配电箱（或盘）（动力或照明）
工作照明分配电箱
变压器
变电所

图 3-1-3 平面设备图例（引自《室内设计资料集》中国建筑工业出版社，张绮曼主编）

四、图示实例

建筑平面图：以一套小型住宅别墅建筑为例。此别墅为平屋顶英式建筑（图 3-1-4 ~ 图 3-1-6）。

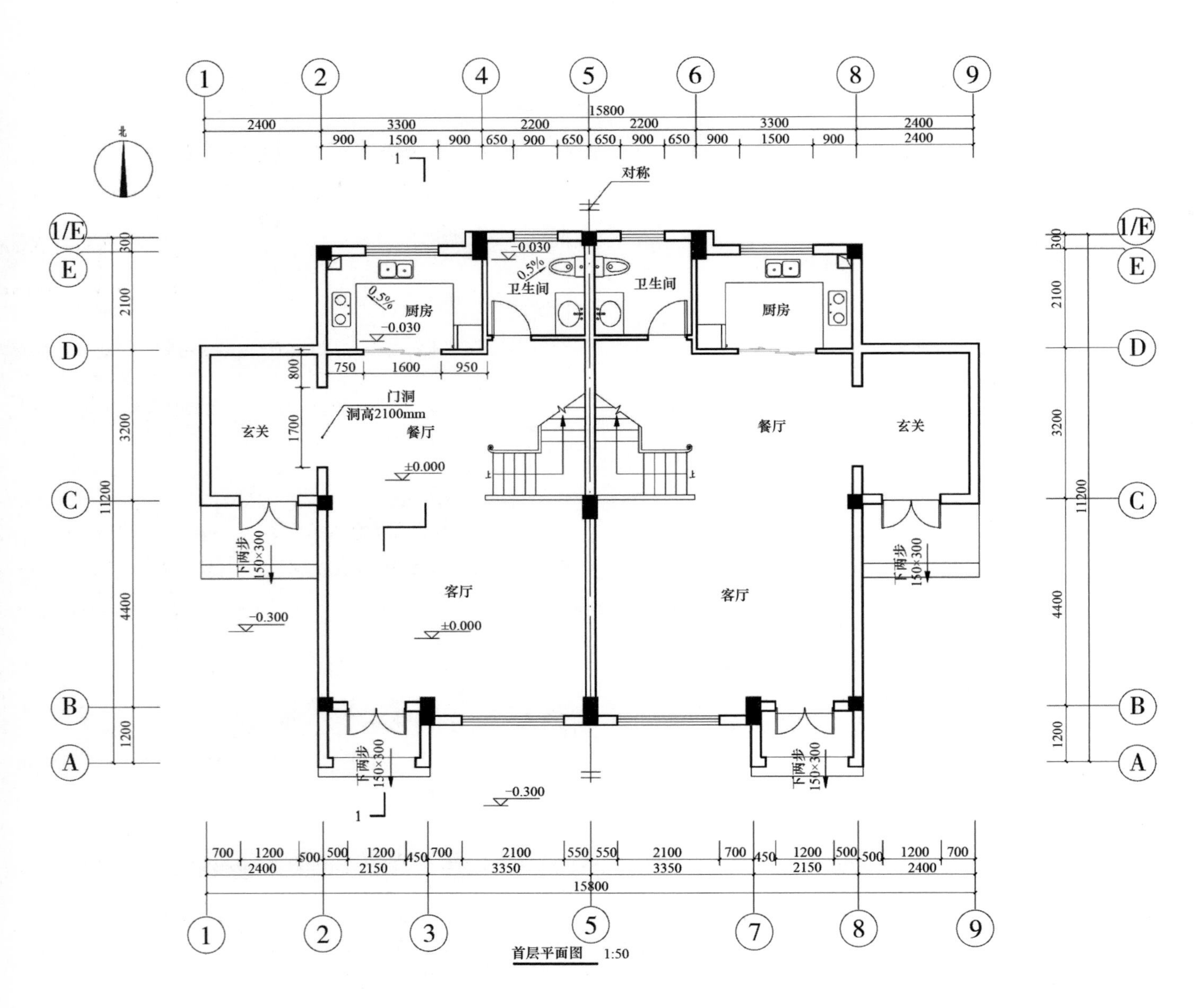

图 3-1-4　一层平面图

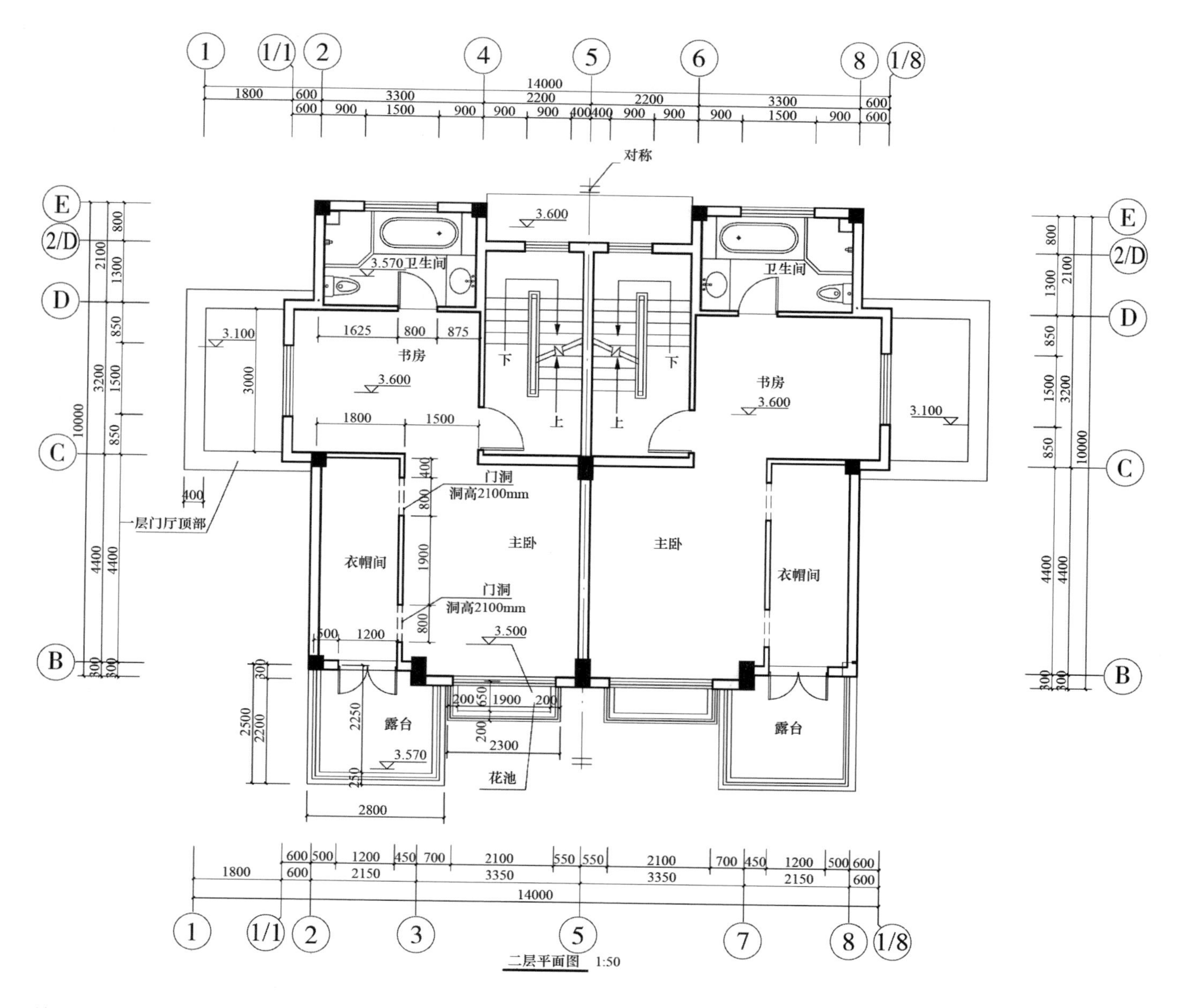

图 3-1-5 二层平面图

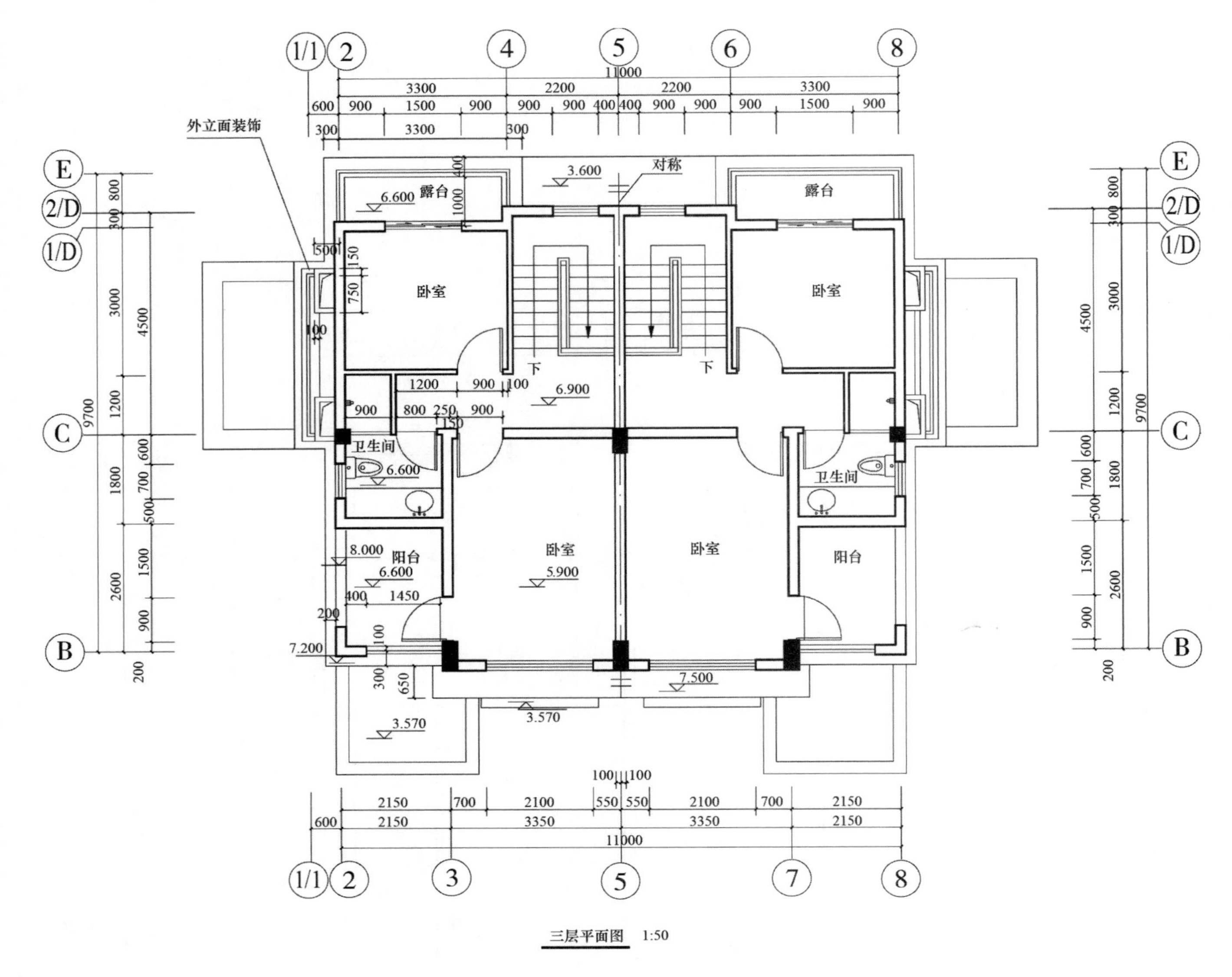

图 3-1-6 三层平面图

五、绘制平面图的步骤

以底层平面图为例，说明平面图的绘制步骤。

1. 选定比例和图幅

首先根据所要表现的平面的复杂程度和大小，选定比例，然后根据建筑的大小及选定的比例估计注写尺寸、符号和有关说明所需的位置，最后确定所用的标准图幅。

2. 画图稿

如图 3-1-7 所示，画平面图步骤如下。

（1）定轴线。

（2）画墙身和柱。

（3）定门窗位置，画细部，如门窗洞、楼梯、台阶等。

（4）画尺寸线、起止符号、填写数字等其他说明。

3. 上墨（针管笔）

经检查无误后，按图线要求用针管笔描图。

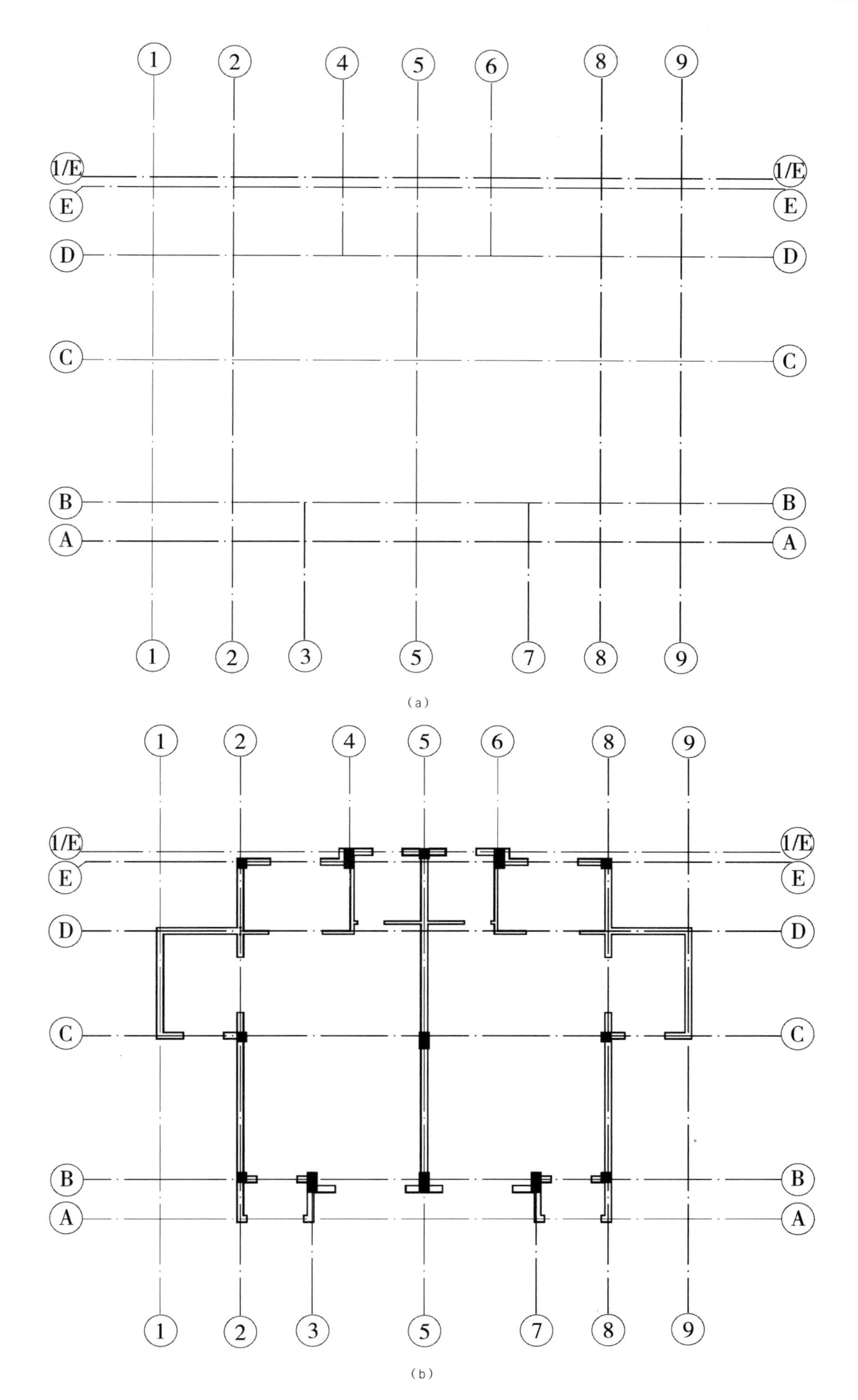

(a)

(b)

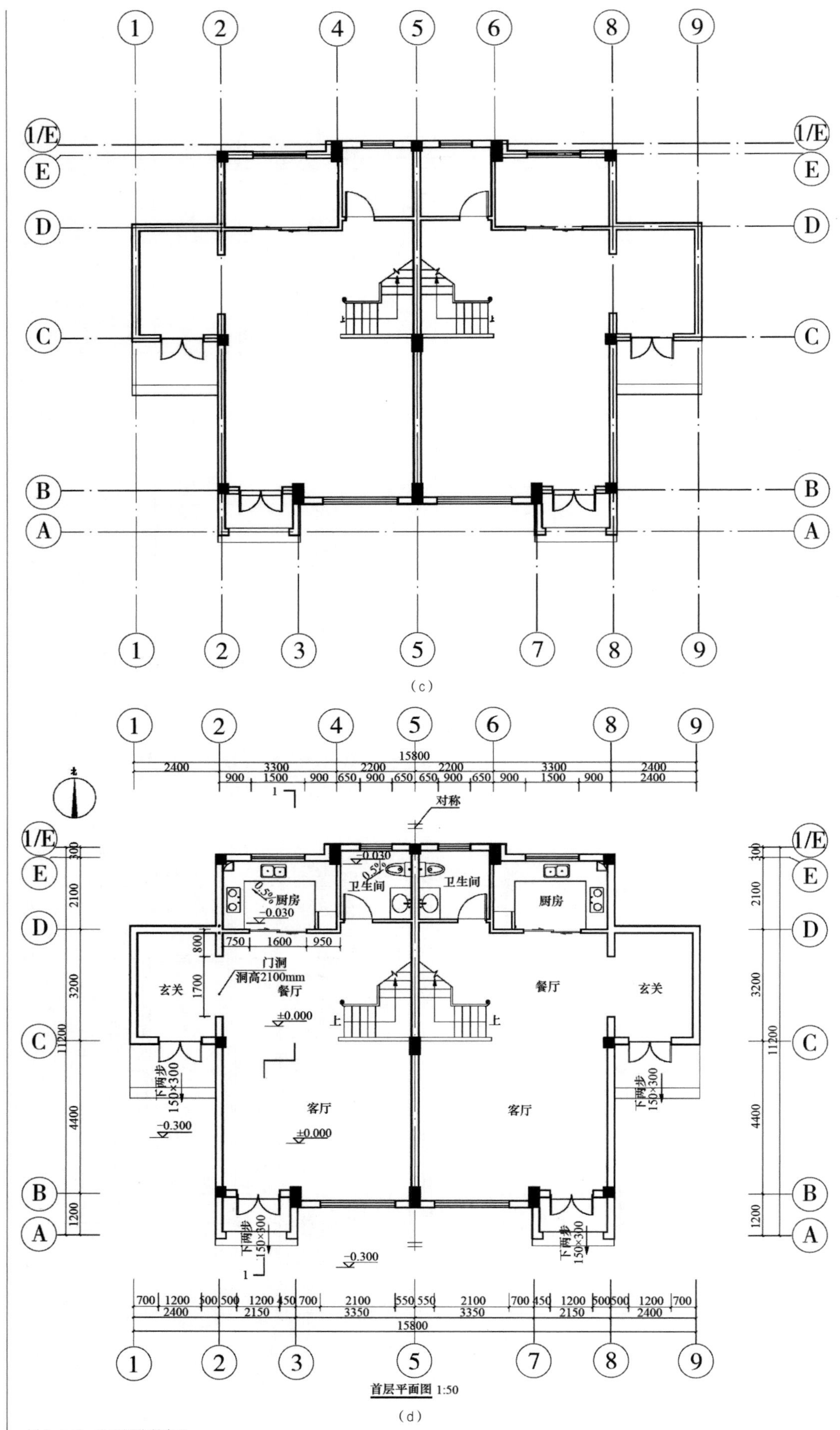

图 3-1-7 平面图绘制步骤

第二节　顶　面　图

一、概述

在建筑设计中表示房屋屋面造型、排水情况，如：排水分区、天沟、屋面坡度、下水口位置等。

在室内设计施工图时标明某层屋内顶面装修造形、材料、施工做法、照明方式及设施安排等。

二、表达内容

1. 建筑顶面图

（1）屋面造型情况，大体尺寸。

（2）排水分区、天沟、屋面坡度、下水口位置等。

2. 在室内设计施工图中

（1）表示顶面造型、材料、照明方式、灯具消防烟感、喷淋布置、空调设备的进、回风口位置等。

（2）表示造型高度关系即标高。

（3）顶面材料、详图索引符号等。

三、顶面图中绘制要求

（1）顶平面中剖切到的主要建筑构造的轮廓线（即墙线和结构柱），用线宽为 b 的粗实线。

（2）被剖切到的次要建筑构件的轮廓线，用线宽为 $0.5b$ 的实线，如门、窗、楼梯踏步、屋檐等。注意在顶面图中，门部画出门扇，门和窗只用两根中粗实线表示。

（3）图例线和线宽小于 $0.5b$ 的图形线，如顶面装饰线、灯具图线等，可用线宽为 $0.35b$ 的细实线。

（4）建筑结构的不可见轮廓线，可用线宽为 $0.5b$ 的中虚线，也可用线宽为 $0.35b$ 的细虚线。

四、图示实例

建筑屋顶平面图如图 3-2-1 所示。

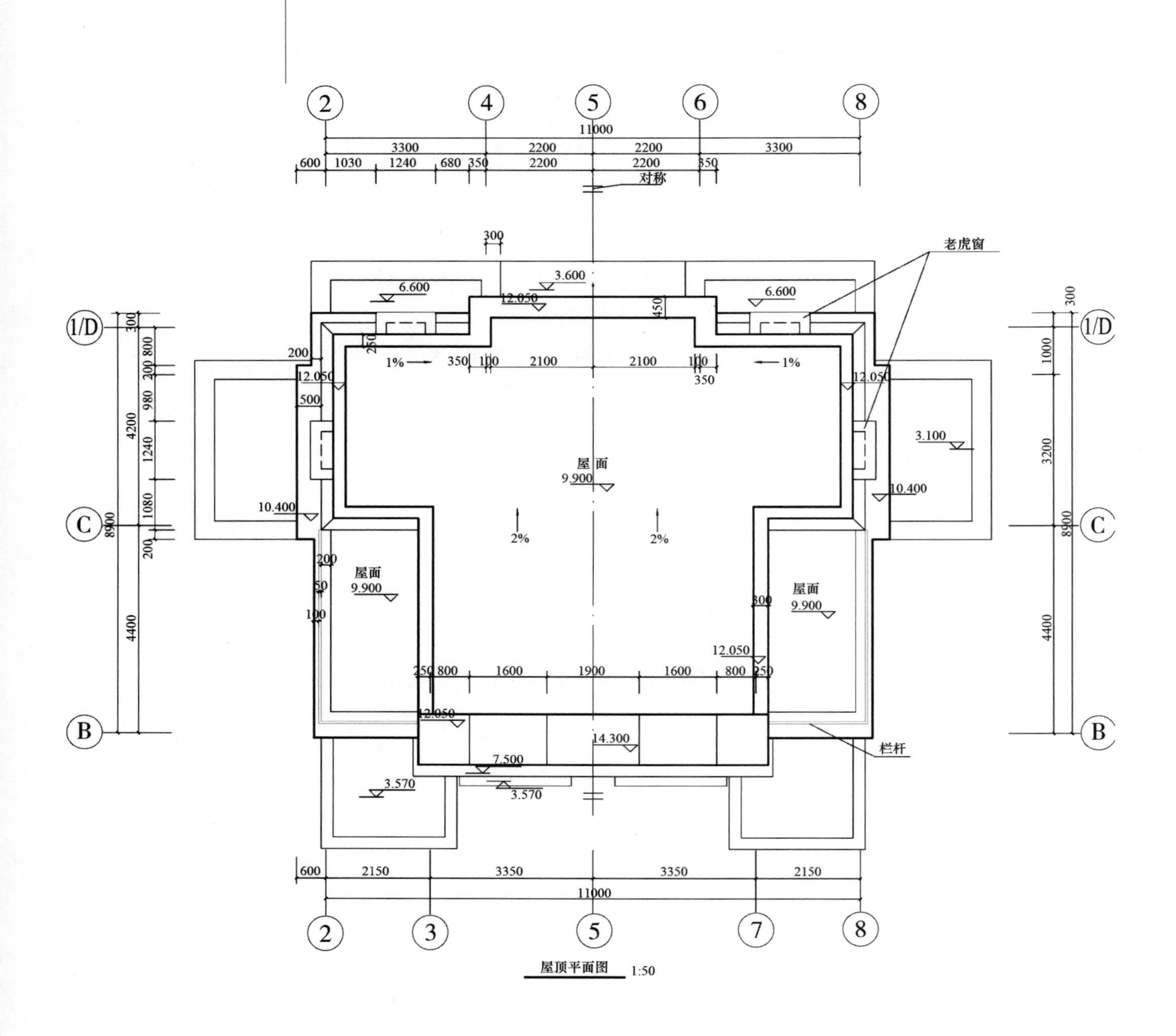

图 3-2-1 屋顶平面图

第三节 立 面 图

一、概述

建筑立面图是在与建筑立面平行的投影面上所作的正投影图，简称立面图。它主要用来表示建筑的形体和外貌、外墙装修、门窗的位置与形式，以及遮阳板、窗台、檐口、雨水管、平台、台阶、花坛等构造和配件各部位的标高和必要的尺寸。

立面图在室内设计施工图中，是用来表达室内各立面方向造型、装修材料及构造的尺寸形式与效果的直接正投影图。

二、表达内容

（1）画出室外地面线及房屋的勒脚、台阶、花台、门、窗、雨篷、阳台、室外楼梯、墙、柱、外墙的预留孔洞、檐口、屋顶（女儿墙或隔热层）、雨水管、墙面分格线或其他装饰构件等。

（2）注出外墙各主要部位的标高。如室外地面、台阶、窗台、门窗顶、阳台、雨篷、檐口、屋顶等处完成面的标高。一般立面图上可不注高度、方向、尺寸。但对于外墙留洞，除注出标高外，还应注出其大小尺寸及定位尺寸。

（3）注出建筑物两端或分段的轴线及编号。

（4）标出各部门构造、装饰节点详图的索引符号。用图例、文字或列表说明墙面的装修材料及做法。

三、绘制要求

1. 建筑立面图图线要求

为了使立面图中的主次轮廓线层次分明，增强图面效果，应采用不同的线型。

（1）外地面线用特粗实线 1.4*b* 表示；立面外轮廓线用粗实线绘制。

（2）门窗洞口、台阶、花坛、阳台、檐口等均用中实线画出。

（3）某些细部轮廓线，如门窗分隔、阳台栏杆、装饰线脚、强面装饰分格线、雨水管，以及文字说明的引出线、标高符号等均用细实线画出。

2. 室内立面图绘制要求

（1）室内各个方向界面的立面应绘全。内部院落及通道的局部立面，可在相关的剖面图上表示，如果剖面不能表达全面，则需单独绘出。

（2）在平面图中表示不出的编号，应在立面图标注。

（3）各部分节点、构造应以详图索引在立面图上注明，并注明材料名称或符号。

（4）立面图的名称可按平面图各面编号确定（如某某 A 立面，某某 B 立面）；也可根据立面两端的建筑定位轴线编号来确定（如①～⑧轴立面图，A ～ B 轴立面图等）。

（5）前后立面重叠时，前者的外轮廓线宜向外侧加粗，以方便看图。

（6）立面图的比例根据其复杂程度设定，不必与平面图相同。

（7）完全对称的立面图，可只画一半，在对称轴处加绘对称符号即可。

四、图示实例

建筑立面图如图 3-3-1 和图 3-3-2 所示。

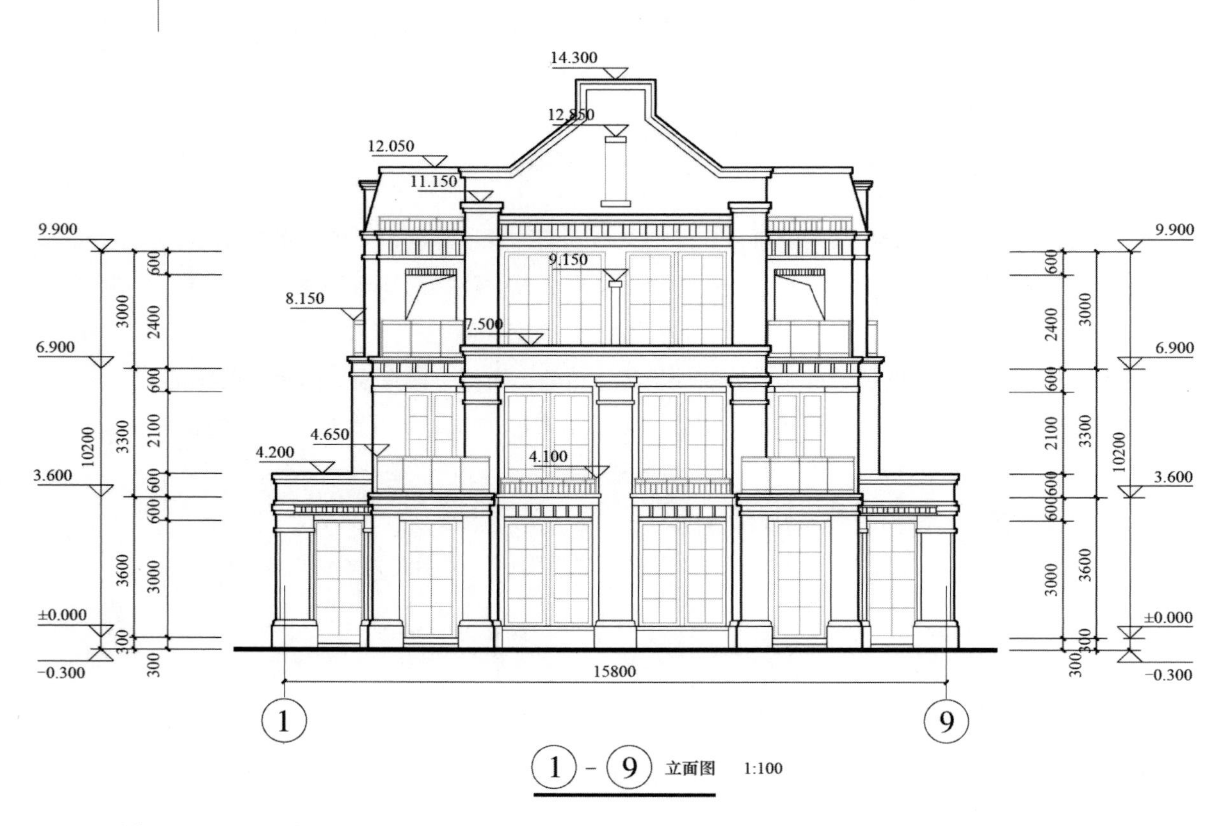

图 3-3-1 建筑立面图

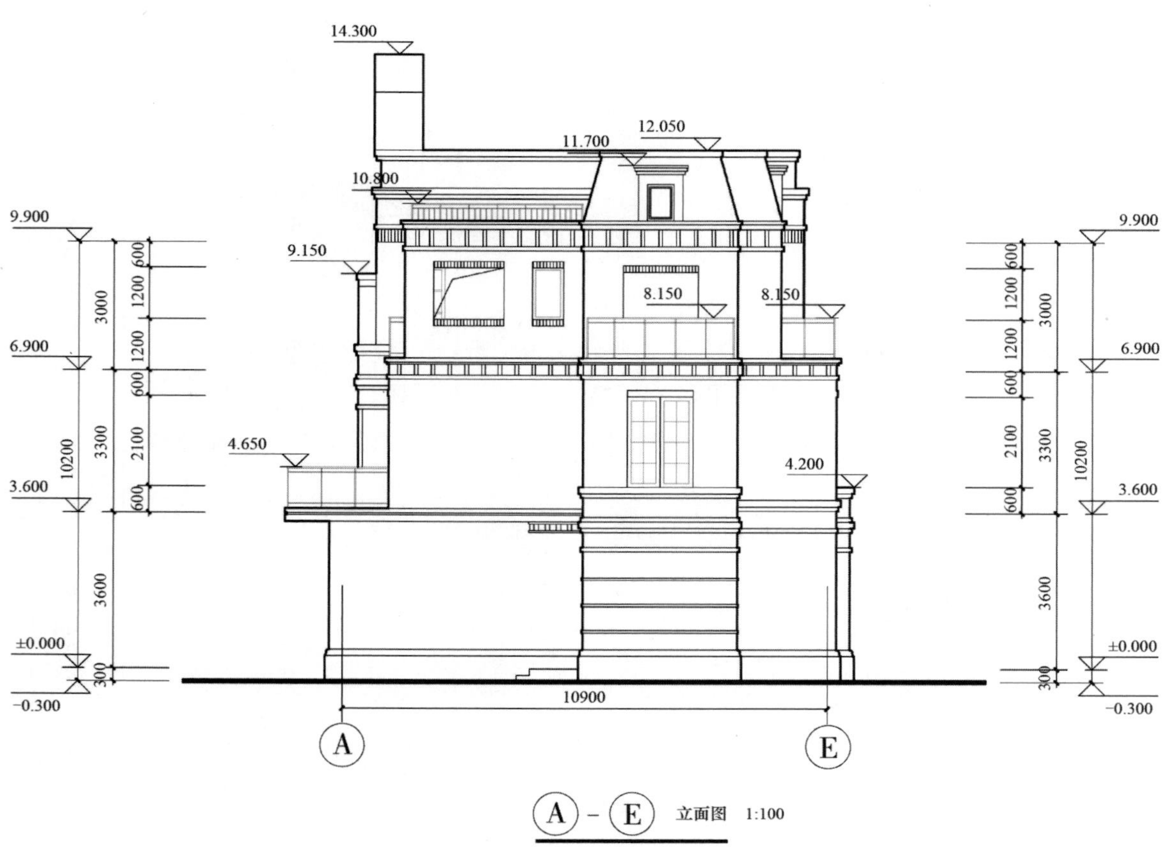

图 3-3-2 建筑立面图

第四节　剖　面　图

一、概述

假想用一个或多个垂直于平面的铅垂剖切面，将建筑剖切开，所得到的垂直剖面图称为剖面图，如图 3-4-1 所示。

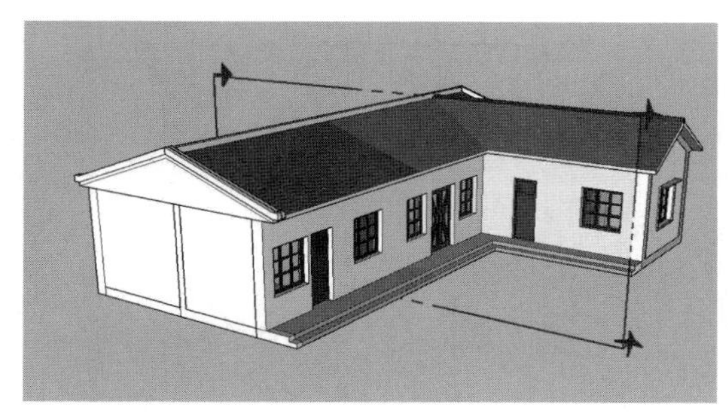

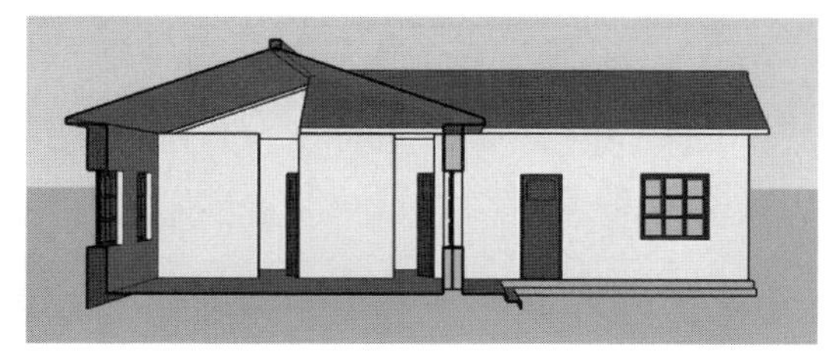

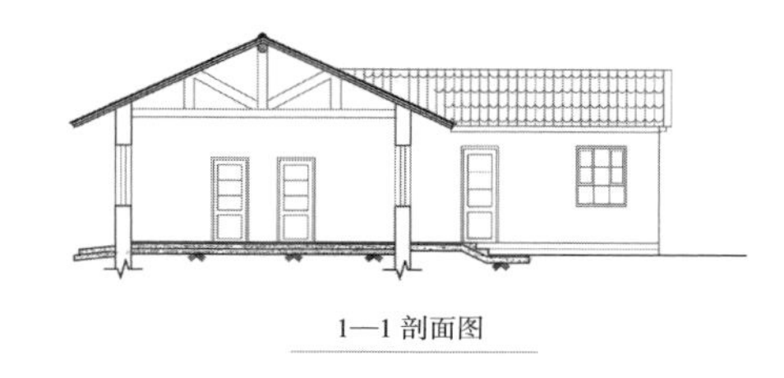

图 3-4-1　剖切示意图

建筑剖面图主要表现建筑的内部结构、分层情况、各层高度、楼面和地面的构造以及各部分在垂直方向上的相互关系等内容。

剖面图的剖切位置应选在房屋的主要部位或建筑构造较为典型的部位，如楼梯间等。剖面图的数量应根据建筑的复杂程度而定。

二、剖面图的种类

由于空间物体的不同形状，其剖切的方法、部位也不尽一致。一般剖面图有以下几种。

（1）全剖面。剖切面将整体物体切开后，移去被切部分，并能反映出全部被切开后情形的剖面图。如建筑物的平面图、剖面图等。全剖面图通常用于表达外部形体不对称的空间物体。

（2）半剖面图。用于表达对称而复杂的空间物体。其剖切面位于中心线或轴线上，移去被切部分，把物体的外形及内部情况同时反映在同一视图中，一半为剖面，另一半为视图。

（3）断裂剖面（或称局部剖面）。在有些空间物体的视图中需同时反映物体的局部细节，即切开需反映的部分，并在图中用波浪线作为其视图与局部剖面的分界线。如家具设计的视图及室内天花图、立面图中的视图都会运用这种断裂剖面，如图 3-4-2 所示。

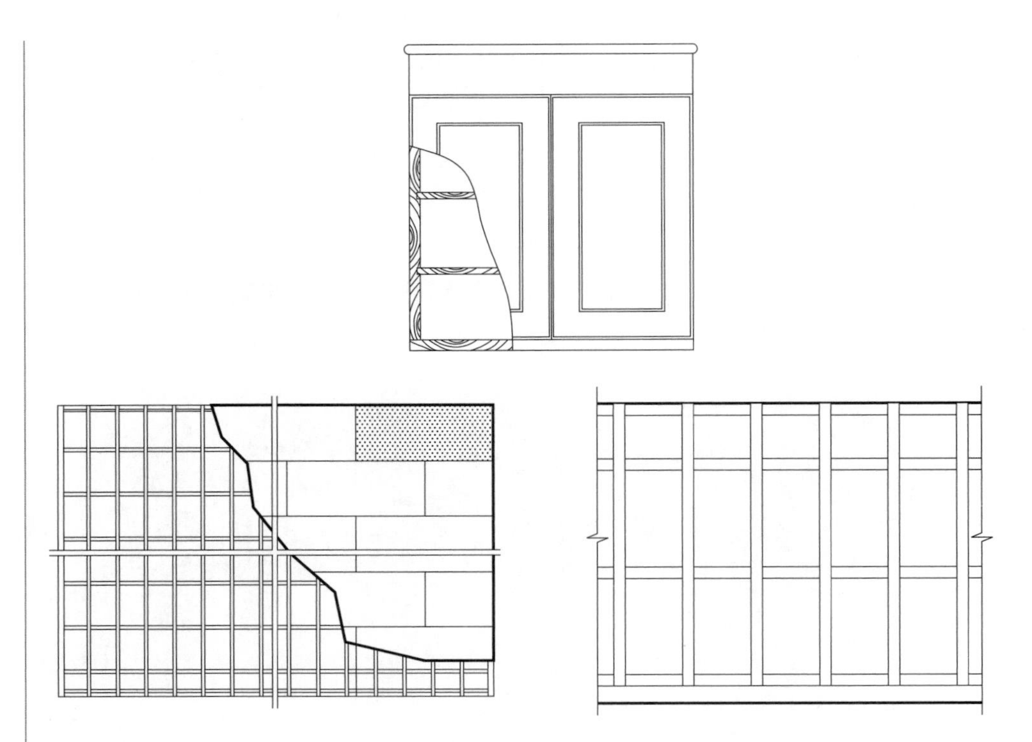

图 3-4-2 断裂剖面图

三、表达内容

（1）表示墙、柱及其定位轴线。

（2）表示室内底层地面、地坑、地沟、各层楼面、顶棚、屋顶（包括檐口、女儿墙、隔热层或保温层、天窗、烟囱、水池等）、门、窗、楼梯、阳台、雨篷、留洞、墙裙、踢脚板、防潮层、室外地面、散水、排水沟及其他装修等剖切到或能见到的内容。

（3）标出各部位完成面的标高和高度方向尺寸。

1）标高内容。室内外地面、各层楼面与楼梯平台、檐口或女儿墙顶面、高出屋面的水池顶面、烟囱顶面、楼梯间顶面、电梯间顶面等处的标高。

2）高度尺寸内容。①外部尺寸：门、窗洞口（包括洞口上部和窗台）高度，层间高度及总高度（室外地面至檐口或女儿墙顶），有时，后两部分尺寸可不标注；②内部尺寸：地坑深度和隔断、搁板、平台、墙裙及室内门、窗等的高度。注写标高及尺寸时，注意与立面图和平面图相一致。

（4）表示楼、地面各层构造。一般可用引出线说明。引出线指向所说明的部位，并按其构造的层次顺序，逐层加以文字说明。若另画有详图，或已有“构造说明一览表”时，在剖面图中可用索引符号引出说明（如果是后者，习惯上这时可不作任何标注）。

（5）表示需画详图之处的索引符号。

四、绘制要求

1. 图线要求

（1）特粗实线：建筑剖面图中，被剖到的室外地面线；在室内剖立面图中，剖到的柱子、墙、楼板的边缘线。在小于 1∶50 的剖面图中剖到的钢筋混凝土的构件要涂黑，如：梁、楼板、柱子等；在大于 1∶50 的剖面图中剖到的钢筋混凝土的构件要表示其图样。

（2）粗实线：其他被剖到的建筑构件，如阳台、非承重墙身、楼梯等。

（3）中粗实线：没有剖到的，但看得到的建筑构件，则按正投影关系用中粗实线画出。如：看到的门窗洞等。

（4）细实线：文字引出线、索引符号、标高符号、尺寸，以及其他细部装饰线等。

2. 室内装饰剖视图绘制要求

（1）剖视图位置应选择在层高不同、空间比较复杂、具有代表性的部位。

（2）剖视图中要注名材料名称、节点构造及详图索引符号。

（3）在室内装饰剖视图中，标高指装修完成面及吊顶下净空尺寸。

（4）鉴于剖视位置多选择在室内空间比较复杂、最具代表性的部位，因此墙身大样或局部应从剖立面图中引出，对应放大绘制，以表达清楚。

五、图示实例

别墅建筑 B-E 轴剖面图如图 3-4-3 所示。

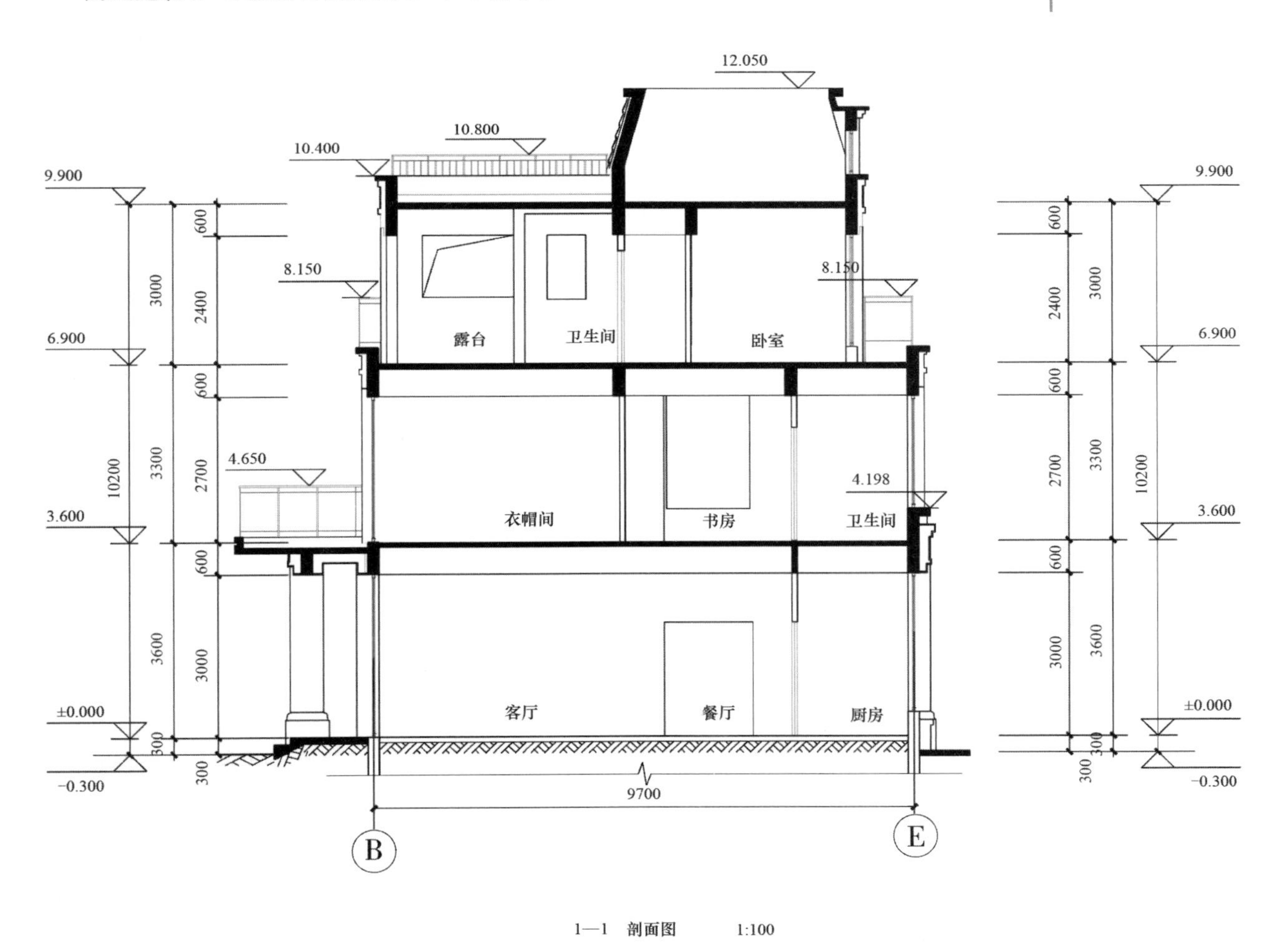

图 3-4-3　别墅剖面图

第五节 详 图

一、概述

对建筑的细部或构造、装饰构造、配件用较大的比例（1 ∶ 20、1 ∶ 10、1 ∶ 5、1 ∶ 2、1 ∶ 1 等）将其形状、大小、材料和做法，按正投影图的画法，详细地表示出来的图样，称为建筑详图，简称详图。

详图的图示方法视细部的构造复杂程度而定。有时只需一个剖面详图就能表达清楚，有时还需另加平面详图或立面详图。有时还要另加轴测图作为补充说明。

详图的特点，一是比例较大；二是图示详尽清楚（表示构造合理，用料及做法适宜）；三是尺寸标注齐全。

详图数量的选择与建筑的复杂程度及平、立、剖面图的内容及比例有关，在室内设计中以装饰复杂程度有关。

二、表达内容及注意事项

（1）在平、立、剖面图中尚未能表示清楚的一些局部构造、装饰材料、做法及主要的造型处理应专门绘制详图，如图 3-5-1 所示的装饰施工图。

（2）利用标准图、通用图可以大量节省时间，提高工作效率，但要避免索引不当和盲目“参照”。

（3）标准图、通用图只能解决一般性量大面广的功能问题，对于设计中特殊做法和非标准构件的处理，仍需自己设计非标准构、配件详图。

三、绘制要求

对剖到的结构用粗实线绘制。剖切线是图中最粗的线，其他图线与平面或立面图中的表示方法一致。

以建筑外墙身通常详图为例，来了解基本详图画法。

外墙身详图实际上是建筑剖面图的局部放大图，它表达房屋的屋面、楼层、地面和檐口构造、楼板与墙的连接、门窗顶、窗台和勒脚、散水等处构造的情况，是施工的重要依据。

详图用较大比例（如 1 ∶ 20）画出，多层房屋中，若各层的情况一样时，可只画底层、顶层或加一个中间层来表示。画图时，往往在窗洞中间处断开，成为几个节点详图的组合（图 3-5-2）。有时，也可不画整个墙身的详图，而是把各个节点的详图分别单独绘制。详图的线型要求与剖面图一样。

外墙身详图的内容与阅读方法如下。

（1）图中注上轴线的两个编号，表示这个详图适用于Ⓐ、Ⓔ两个轴线的墙身。也就是说Ⓐ、Ⓔ两轴线的任何地方，墙身各相应部分的构造情况都相同。

（2）在详图中，对屋面、楼层和地面的构造，采用多层构造说明方法来表示。

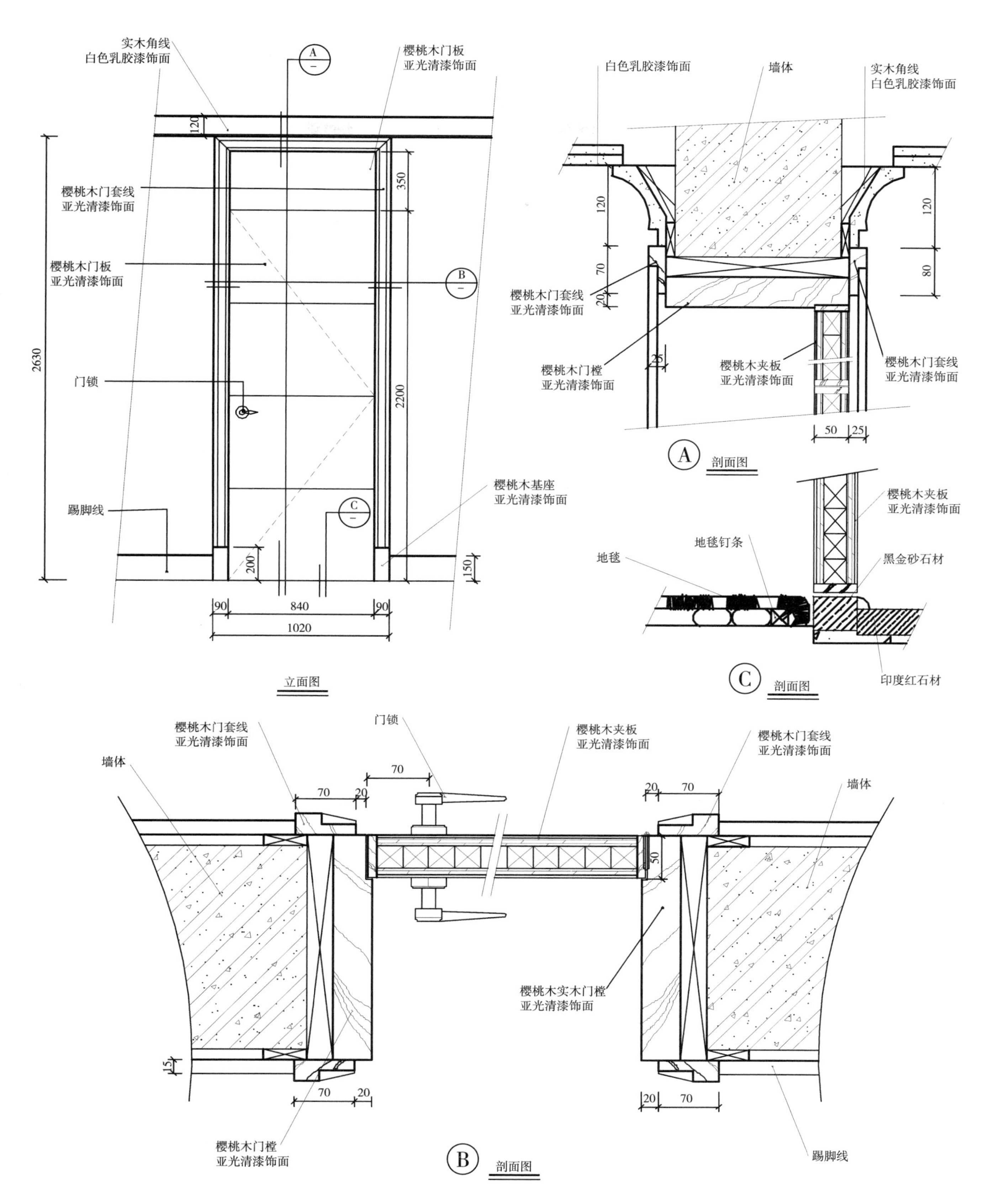

图 3-5-1 门套做法详图

（3）从檐口部分，可了解屋面的承重层、女儿墙、防水及排水的构造。在本详图中，屋面的承重层是预制钢筋混凝土空心板，按 3% 来砌坡，上面有油毡防水层和架空层，以加强屋面的防漏和隔热。檐口外侧做一天沟，并通过女儿墙所留孔洞（雨水口兼通风口），使雨水沿雨水管集中排流到地面。雨水管的位置和数量可从立面图或平面图中查阅。

（4）从楼板与墙身连接部分，可了解各层楼板（或梁）的搁置方向及与墙身的关系。如本详图，预制钢筋混凝土空心板是平行纵向外墙布置的，因而它们是搁置在两端的横墙上的。在每层的室内墙脚处需做一踢脚板，以保护墙壁，从图中的说明可看到其构造做法。踢脚板的厚度可等于或大于内墙面的粉刷层。如厚度一样时，在其立面投影中可不画出其分界线。

（5）从剖面图中还可看到窗台、窗过梁（或圈梁）的构造情况。

（6）从勒脚部分，可知房屋外墙的防潮、防水和排水的做法。外（内）墙身的防潮层，一般是在底层室内地面下 60mm 左右（指一般刚性地面）处，以防地下水对墙身的侵蚀。在外墙面，离室外地面 300 ~ 500mm 高度范围内（或窗台以下），用坚硬防水的材料做成勒脚。在勒脚的外地面，用 1 ： 2 的水泥砂浆抹面，做出 2% 坡度的散水，以防雨水或地面水对墙基础的侵蚀。

（7）在详图中，一般应注出各部位的标高、高度方向和墙身细部的大小尺寸。图中标高注写有两个数字时，有括号的数字表示在高一层的标高。

（8）从图中有关图例或文字说明，可知墙身内外表面装修的断面形式、厚度及所用的材料等。

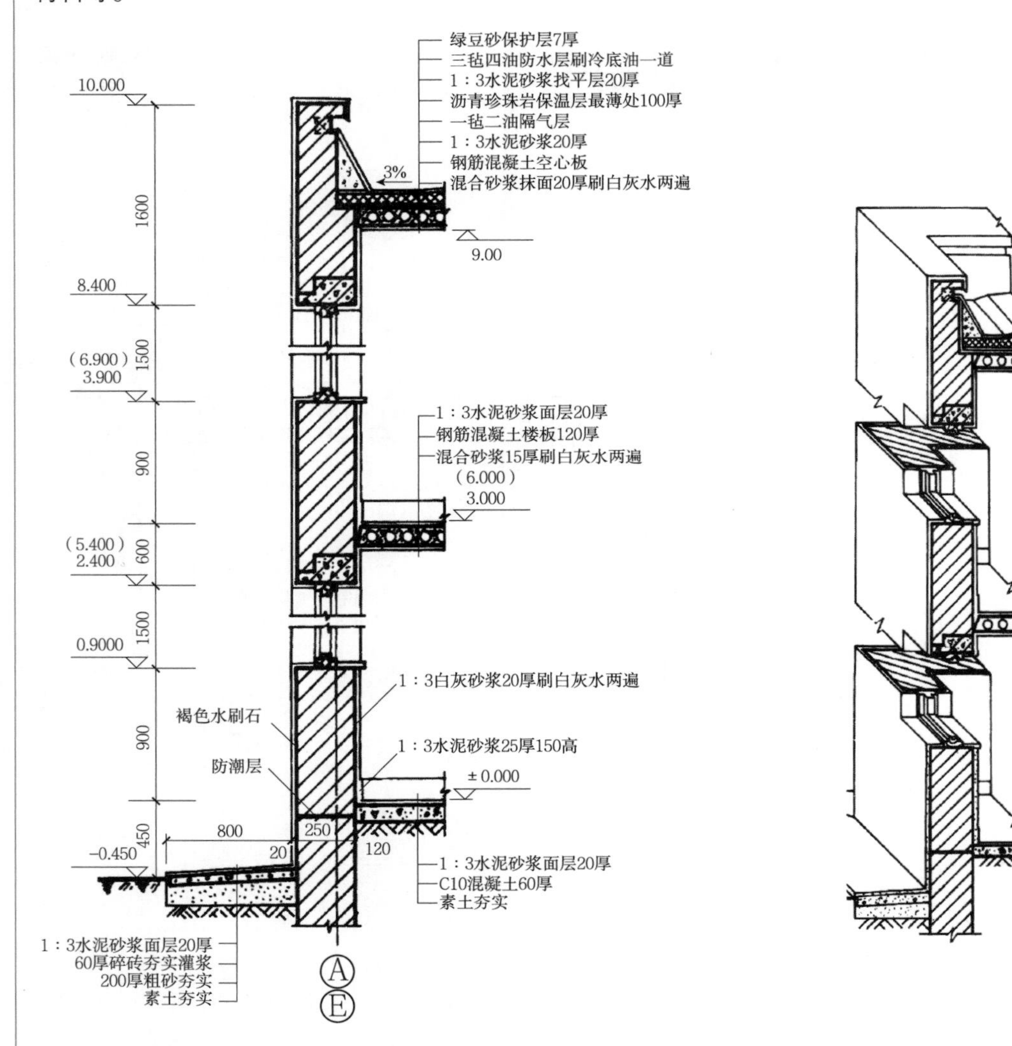

图 3-5-2 外墙剖面详图

第六节　楼　梯　画　法

一、概述

楼梯是多层房屋上下交通的主要设施，它也是制图知识中非常重要的一部分，它除了要满足行走方便和人流疏散畅通外，还应有足够的坚固耐久性。目前多采用预制或现浇钢筋混凝土的楼梯。楼梯是由楼梯段（简称梯段，包括踏步或斜梁）、休息平台（包括平台板和梁）和栏板（或栏杆）等组成，如图 3-6-1 所示。

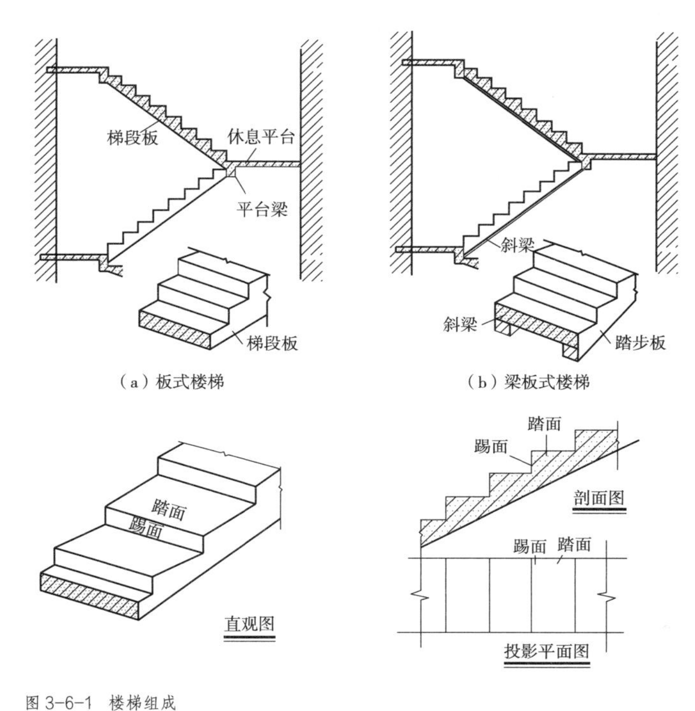

图 3-6-1　楼梯组成

楼梯的构造一般较复杂，需要另画详图表示。楼梯详图主要表示楼梯的类型、结构形式、各部位的尺寸及装修做法，是楼梯施工放样的主要依据。

楼梯详图一般包括平面图、剖面图及踏步、栏板详图等，并尽可能画在同一张图纸内。在这里我们主要介绍平面图和剖面图，来了解楼梯结构和图示方法。平、剖面图比例要一致，以便对照阅读。

二、楼梯样式

楼梯有室外楼梯和室内楼梯。按使用性质分，室内有主要楼梯和辅助楼梯；室外有安全楼梯、防火楼梯。按材料分有木质、钢筋混凝土、钢质、混合式及金属楼梯。按形式分有直上、双折～四折、曲尺、平行、八角形、圆形、弧形及螺旋形等，如图 3-6-2 所示。

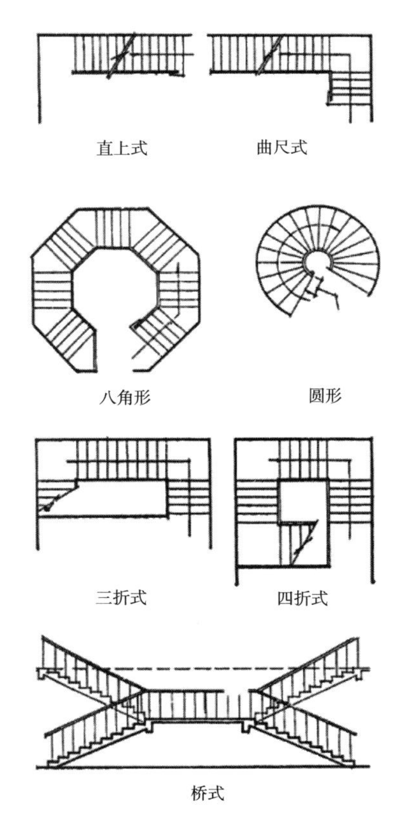

图 3-6-2　楼梯样式

三、表达内容

以双跑楼梯的“平面”和“剖面”为例予以介绍。

（一）楼梯平面图

1. 绘制及标注要求

一般每一层楼都要画楼梯平面图。三层以上的房屋，若中间各层的楼梯位置及其梯段数、踏步数和大小都相同时，通常只画出底层、中间层和顶层三个平面图即可（图 3-6-4）。

楼梯平面图的剖切位置，是在该层往上走的第一梯段（休息平台下）的任一位置处（参看图 3-6-3 的轴测图）。各层被剖切到的梯段，按“国标”规定，均在平面图中以一根 45° 折断线表示。在每一梯段处画有一长箭头，并注写“上”或“下”字和步级数，表明从该层楼（地）面往上或往下走多少步级可到达（或下）一层的楼（地）面。例如二层楼梯平面图中，被剖切的梯段的箭头注有“下 22”，表示从该梯段往下走 22 步级可到达第一层楼面。各层平面图中还应标出该楼梯间的轴线。而且，在底层平面图上还应注明楼梯剖面图的剖切符号。

楼梯平面图中，除注出楼梯间的开间和进深尺寸、楼地面和平台面的标高尺寸外，还需注出各细部的详细尺寸。通常把梯段长度尺寸与踏面数、踏面宽、高的尺寸合并写在一起。如底层平面图中的 30×15，表示该梯段，每一踏面宽为 300mm，每一踏高度为 150mm。通常，三个平面图画在同一张图纸内，并互相对齐，这样既便于阅读，又可省略标注一些重复的尺寸。

2. 读图要求

读图时，要掌握各层平面图的特点。底层平面图只有一个被剖切的梯段及栏板，并注有“上”或“下”字的长箭头。本例还画出楼梯底下的储藏室，以及下储藏室的四级步级。顶层平面图由于剖切平面在安全栏板之上，在图中画有两段完整的梯段和楼梯休息平台，在梯口处只有一个注有“下”字的长箭头。中间层平面图既画出被剖切的往上走的梯段（画有“上”字的长箭头），有“下”字的长箭头。还画出该层往下走的完整的梯段（画有“下”字的长箭头）、楼梯平台以及平台往下的梯段。这部分梯段与被剖切梯段的投影重合，以 45° 折断线为分界。各层平面图上所画的每一分格，表示梯段的一级踏面。但因梯段最高一级的踏面与休息平台面或楼面重合，因此平面图中每一梯段画出的踏面（格）数，总比步级数少一格。如顶层平面图中往下走的第一梯段共有 11 级，但在平面图中只画有 10 格，梯段长度为 10×300=3000（mm）。

（二）楼梯剖面图

假想用一铅垂面，通过各层的一个梯段和门窗洞，净楼梯剖开，向另一未剖到的梯段方向投影，所作的剖面图，即为楼梯剖面图（图 3-6-5）。剖面图应能完整、清晰地表示出各梯段、平台、栏板等的构造及它们的相互关系情况。本例楼梯，每层只有两个梯段，称为双跑式楼梯。在多层房屋中，若中间各层的楼梯构造相同时，则剖面图可只画出底层、中间层和顶层剖面，中间用折断线分开（与外墙身详图处理方法相同）。

楼梯剖面图能表达出房屋的层数、楼梯梯段数、步级数以及楼梯的类型及其结构形式。如本例的三层楼房，每层有两梯段，被剖梯段的步级数可直接看出，未剖梯段的步级，因

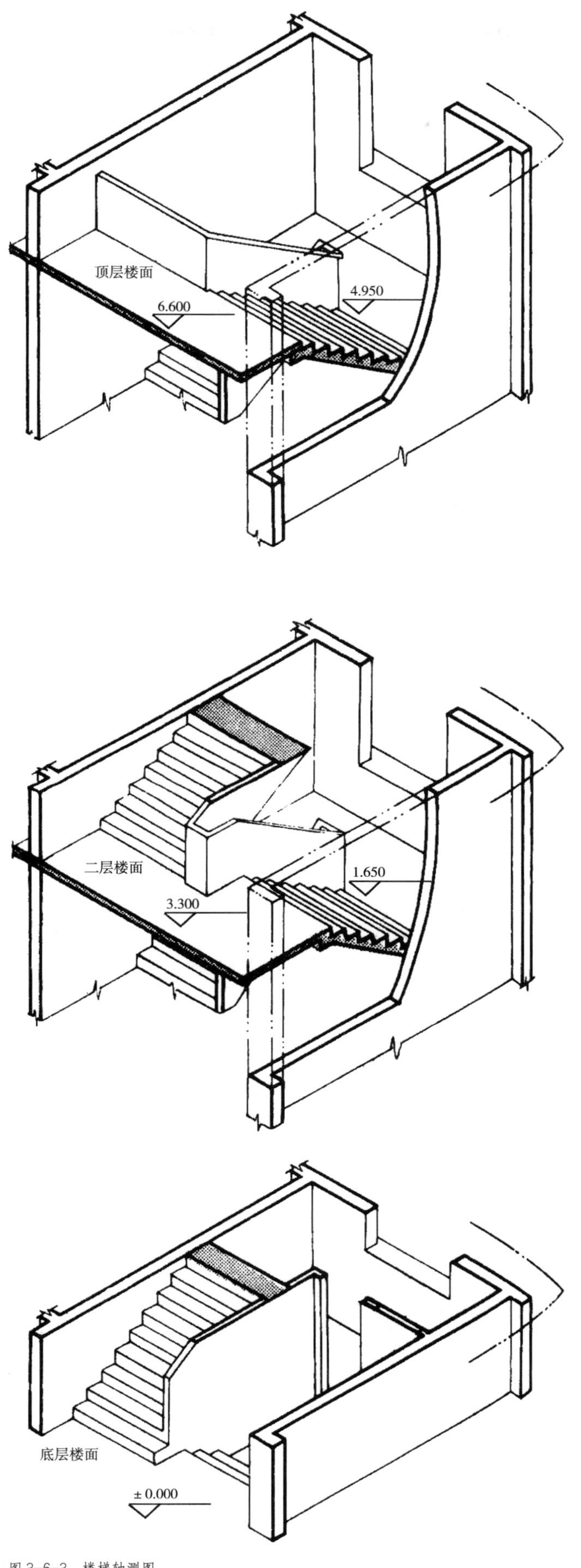

图 3-6-3　楼梯轴测图

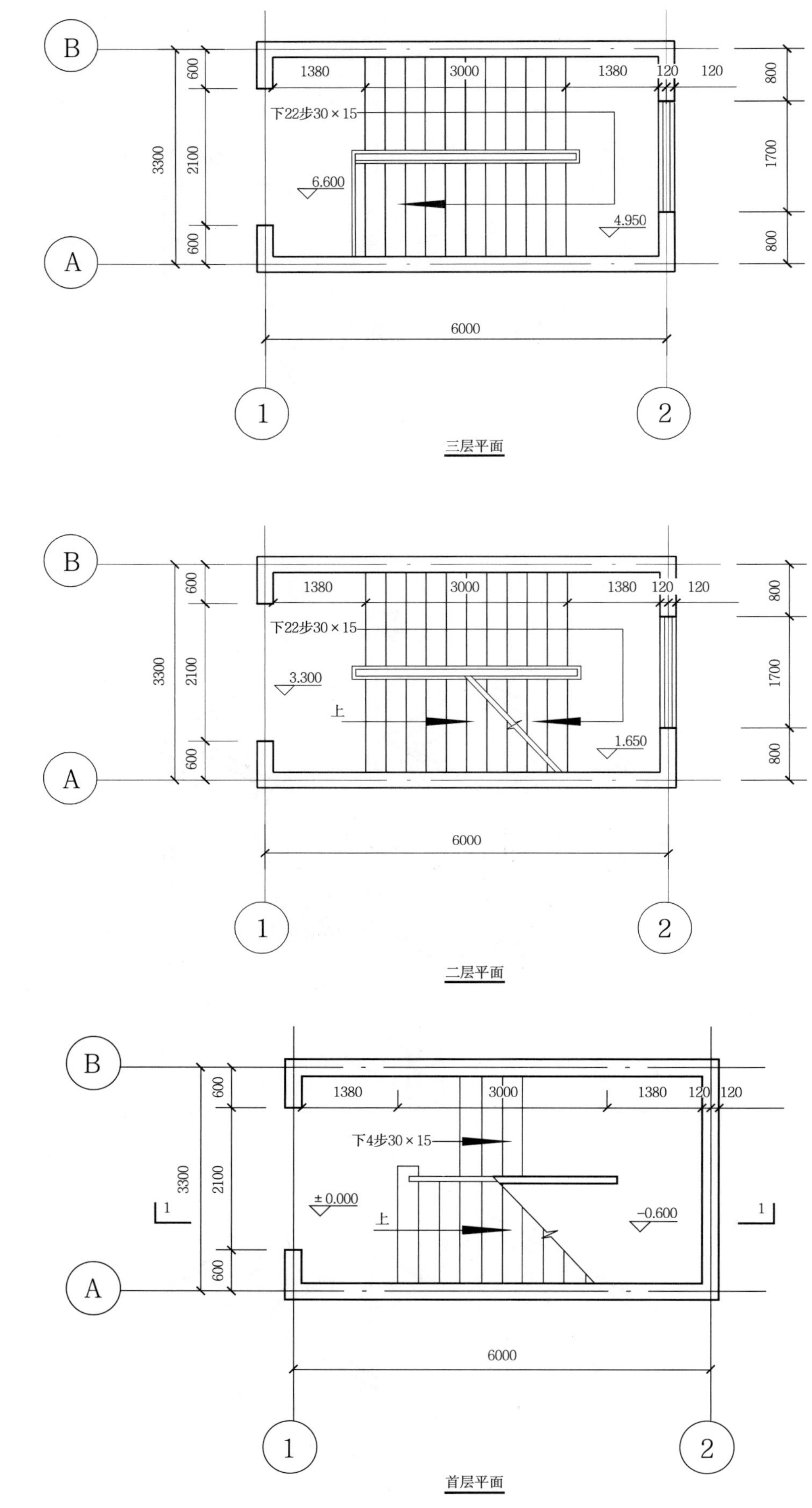
B
A
1
2
1380
3000
1380
120
120
600
2100
600
3300
800
1700
800
下22步30×15
6.600
4.950
6000
三层平面
3.300
1.650
上
二层平面
下4步30×15
±0.000
-0.600
首层平面

图 3-6-4 楼梯平面图

被栏板遮挡而看不见，有时可画上虚线表示，但亦可在其高度尺寸上标出该段步级的数目。

剖面图中应注明地面、平台面、楼面等的标高和梯段、栏板的高度尺寸。梯段高度尺寸注法与楼梯平面图中梯段长度注法相同。栏杆高度尺寸，是从踏面中间算至扶手顶面，一般为 900mm，扶手坡度应与梯段坡度一致。

图 3-6-6 和图 3-6-7 为本部分第一节建筑平面图（图 3-1-4）中楼梯的详图。

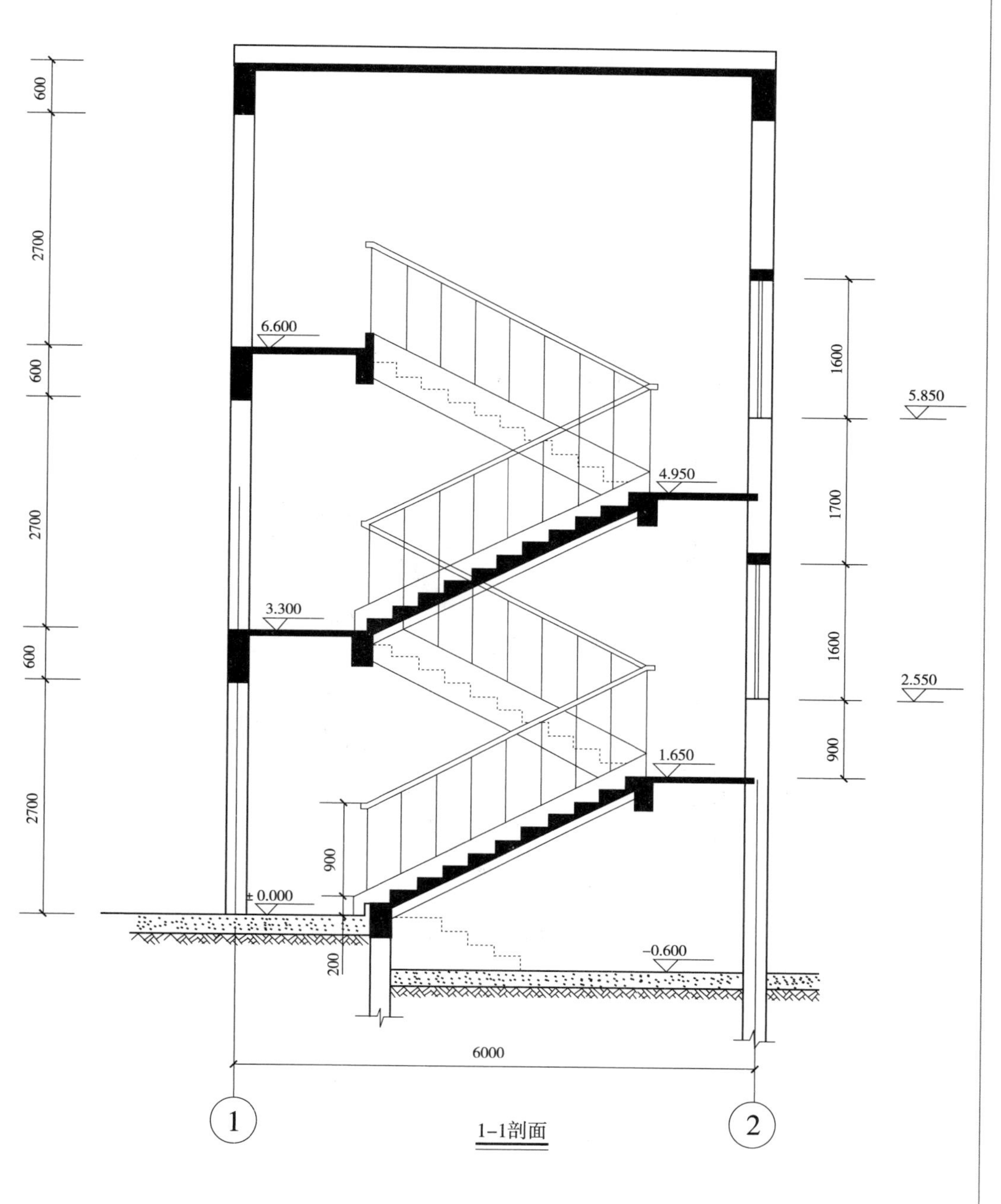

图 3-6-5　楼梯剖面图

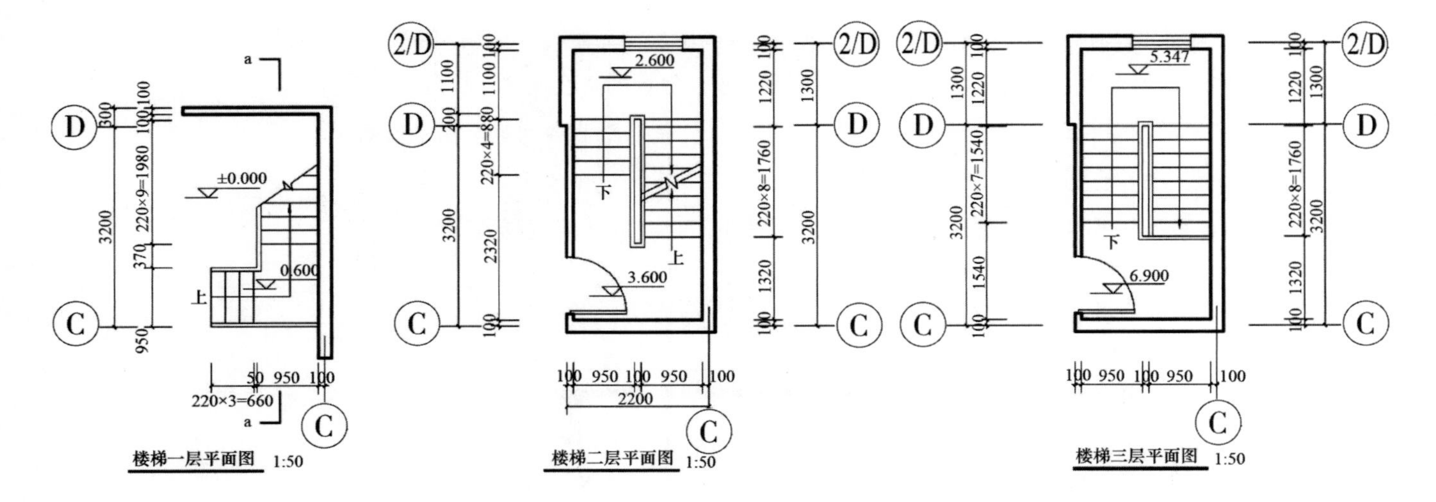

图 3-6-6 楼梯平面图

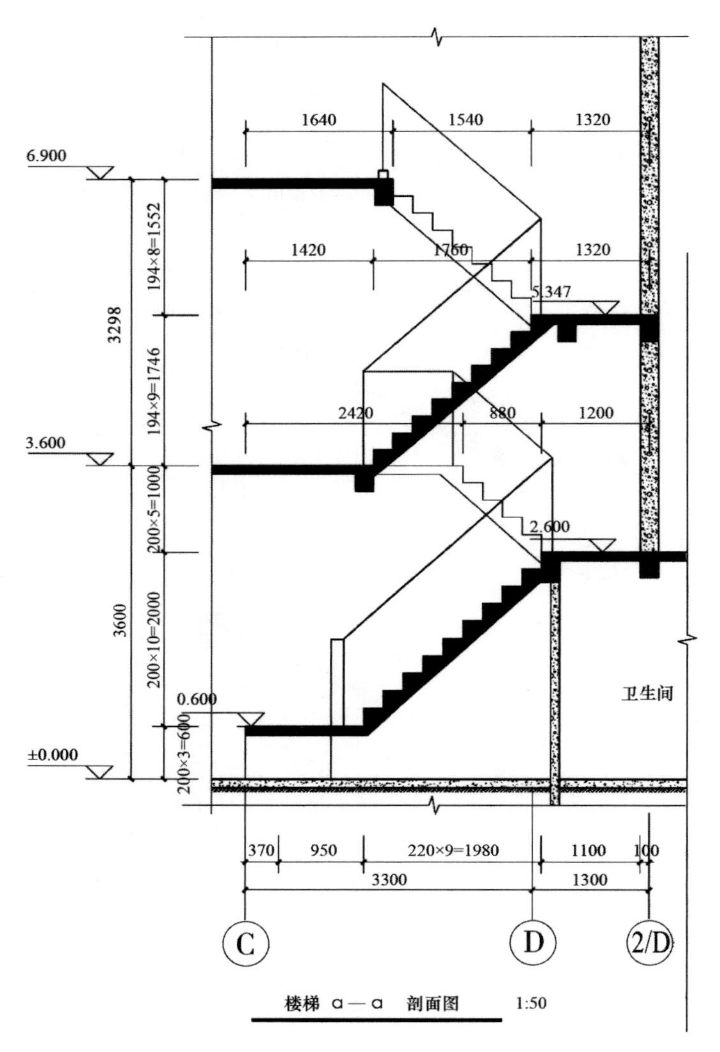

图 3-6-7 楼梯剖面图

第七节 室内设计施工图

家装施工图见图 3-7-1 ~图 3-7-14，电梯间室内施工图见图 3-7-15 ~图 3-7-20。

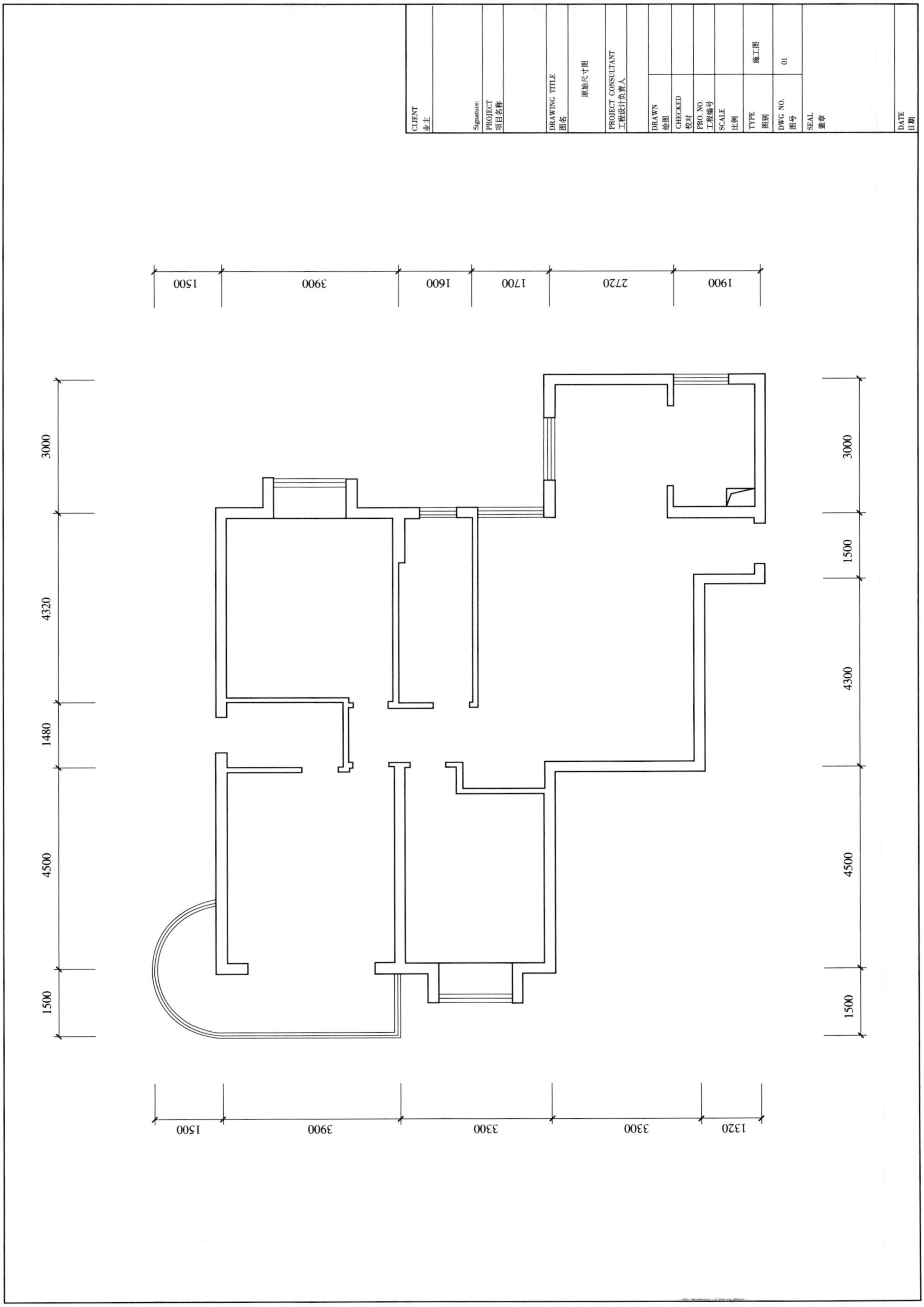

图 3-7-1　原始平面图

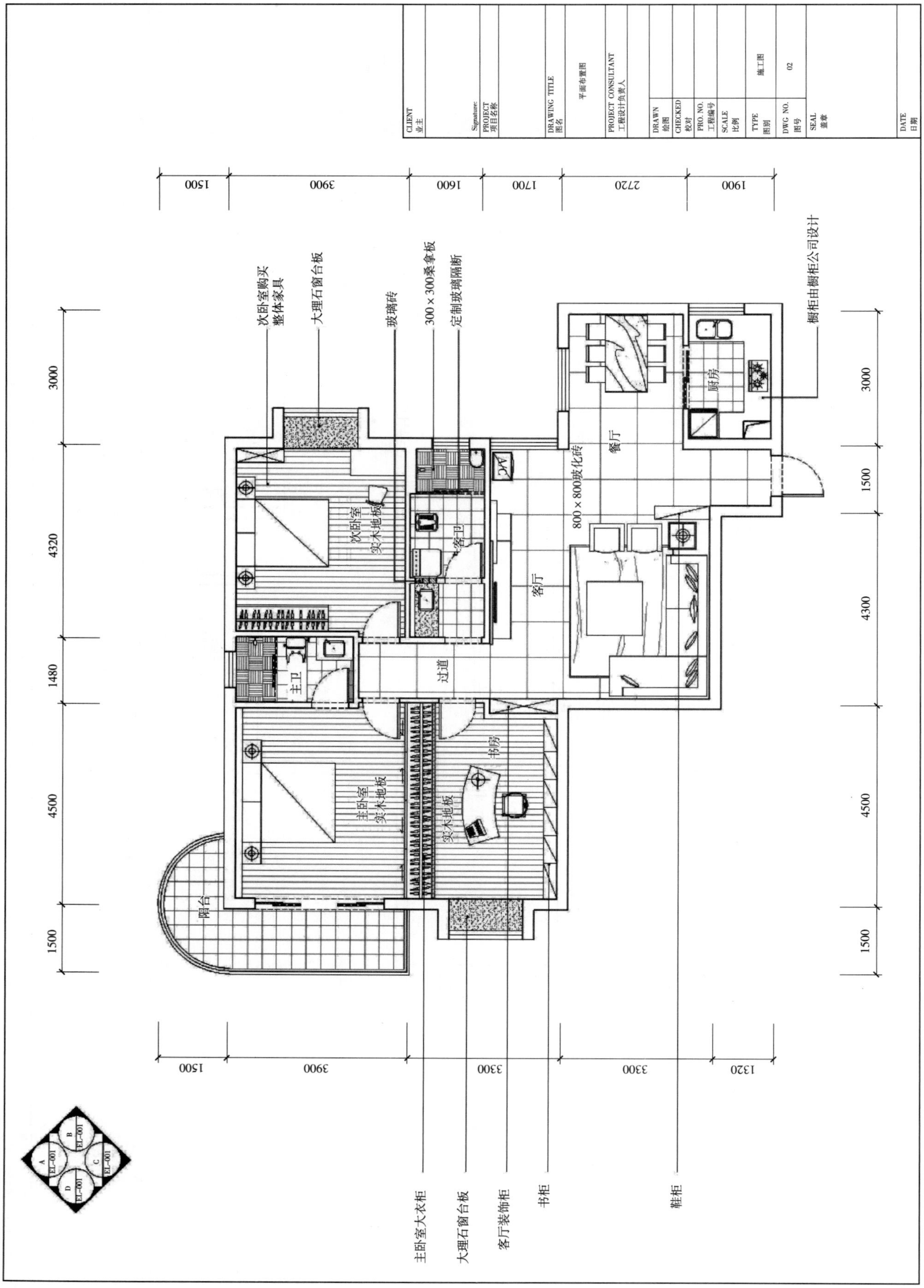

CLIENT 业主

Signature:
PROJECT 项目名称

DRAWING TITLE 图名

平面布置图

PROJECT CONSULTANT 工程设计负责人

DRAWN 绘图

CHECKED 校对

PRO. NO. 工程编号

SCALE 比例

TYPE 图别

施工图

DWG NO. 图号

02

SEAL 盖章

DATE 日期

1500 3900 1600 1700 2720 1900

次卧室购买整体家具

大理石窗台板

玻璃砖

300×300桑拿板

定制玻璃隔断

橱柜由橱柜公司设计

3000 4320 1480 4500 1500

3000 1500 4300 4500 1500

次卧室 实木地板

客卫

厨房

餐厅

800×800玻化砖

客厅

过道

主卫

主卧室 实木地板

书房

实木地板

阳台

1500 3900 3300 3300 1320

主卧室大衣柜

大理石窗台板

客厅装饰柜

书柜

鞋柜

A EL-001 B EL-001 C EL-001 D EL-001

图 3-7-2 平面布置图

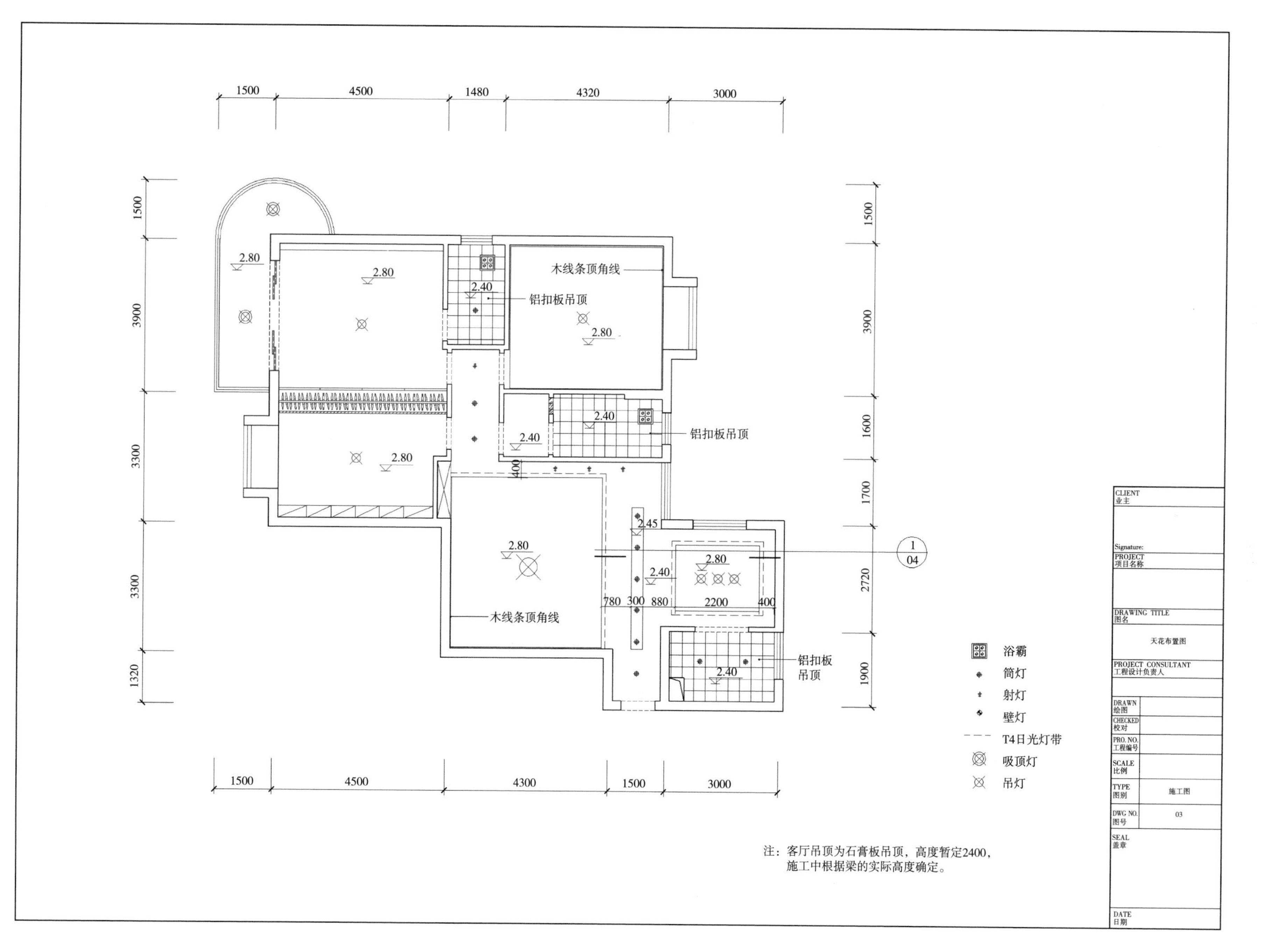
1500 4500 1480 4320 3000
1500 3900 3300 3300 1320
1500 3900 1600 1700 2720 1900
1500 4500 4300 1500 3000
木线条顶角线
铝扣板吊顶
铝扣板吊顶
木线条顶角线
铝扣板
吊顶
2.80
2.40
2.45
780 300 880 2200 400
1
04
浴霸
筒灯
射灯
壁灯
T4日光灯带
吸顶灯
吊灯
注：客厅吊顶为石膏板吊顶，高度暂定2400，
施工中根据梁的实际高度确定。
CLIENT 业主
Signature:
PROJECT 项目名称
DRAWING TITLE 图名
天花布置图
PROJECT CONSULTANT 工程设计负责人
DRAWN 绘图
CHECKED 校对
PRO. NO. 工程编号
SCALE 比例
TYPE 图别
施工图
DWG NO. 图号
03
SEAL 盖章
DATE 日期

图 3-7-3　顶面布置图

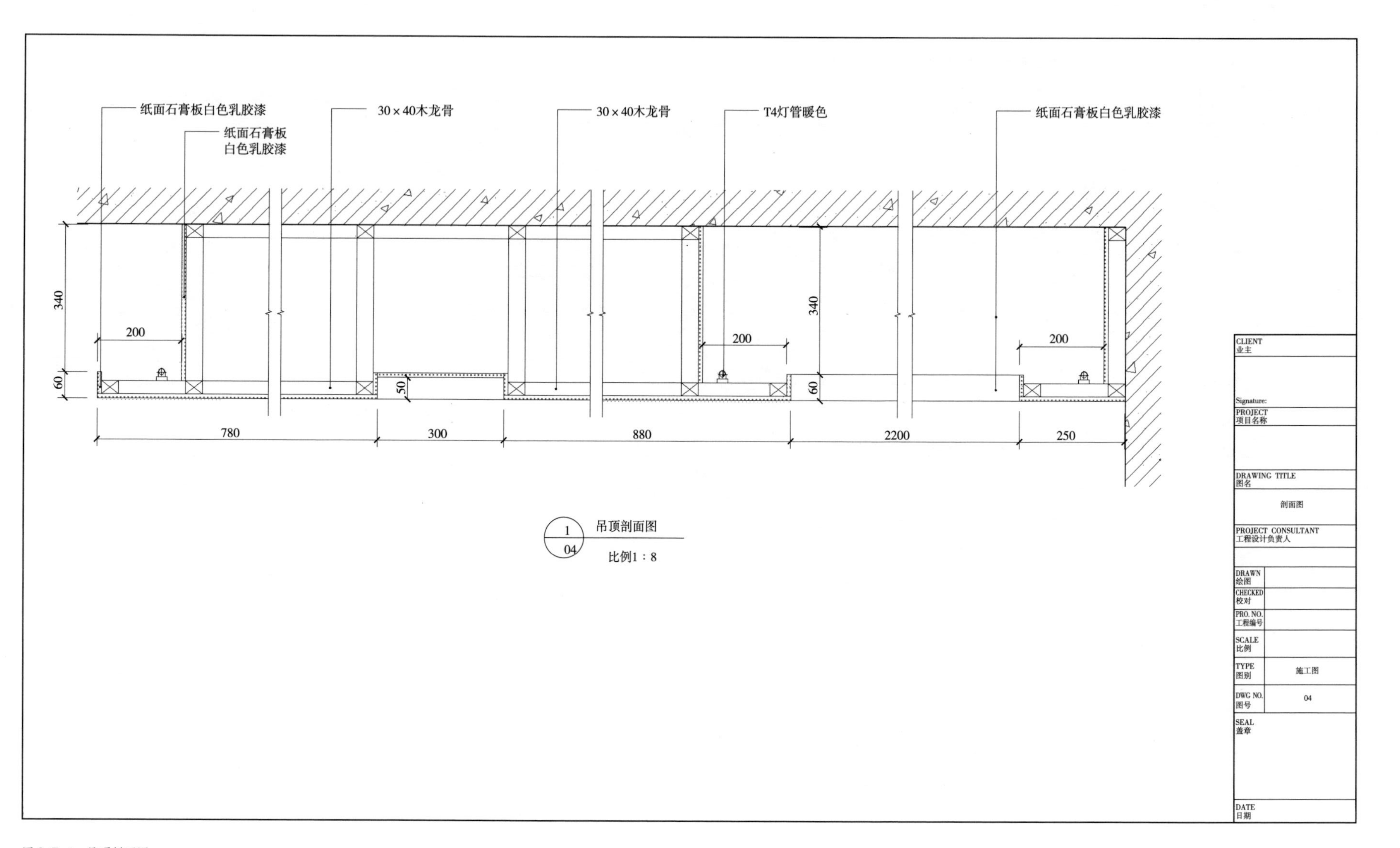
纸面石膏板白色乳胶漆
纸面石膏板
白色乳胶漆
30×40木龙骨
30×40木龙骨
T4灯管暖色
纸面石膏板白色乳胶漆
340
200
60
50
340
200
60
200
780
300
880
2200
250
1
04
吊顶剖面图
比例1：8
CLIENT
业主
Signature:
PROJECT
项目名称
DRAWING TITLE
图名
剖面图
PROJECT CONSULTANT
工程设计负责人
DRAWN
绘图
CHECKED
校对
PRO. NO.
工程编号
SCALE
比例
TYPE
图别
施工图
DWG NO.
图号
04
SEAL
盖章
DATE
日期

图 3-7-4 吊顶剖面图

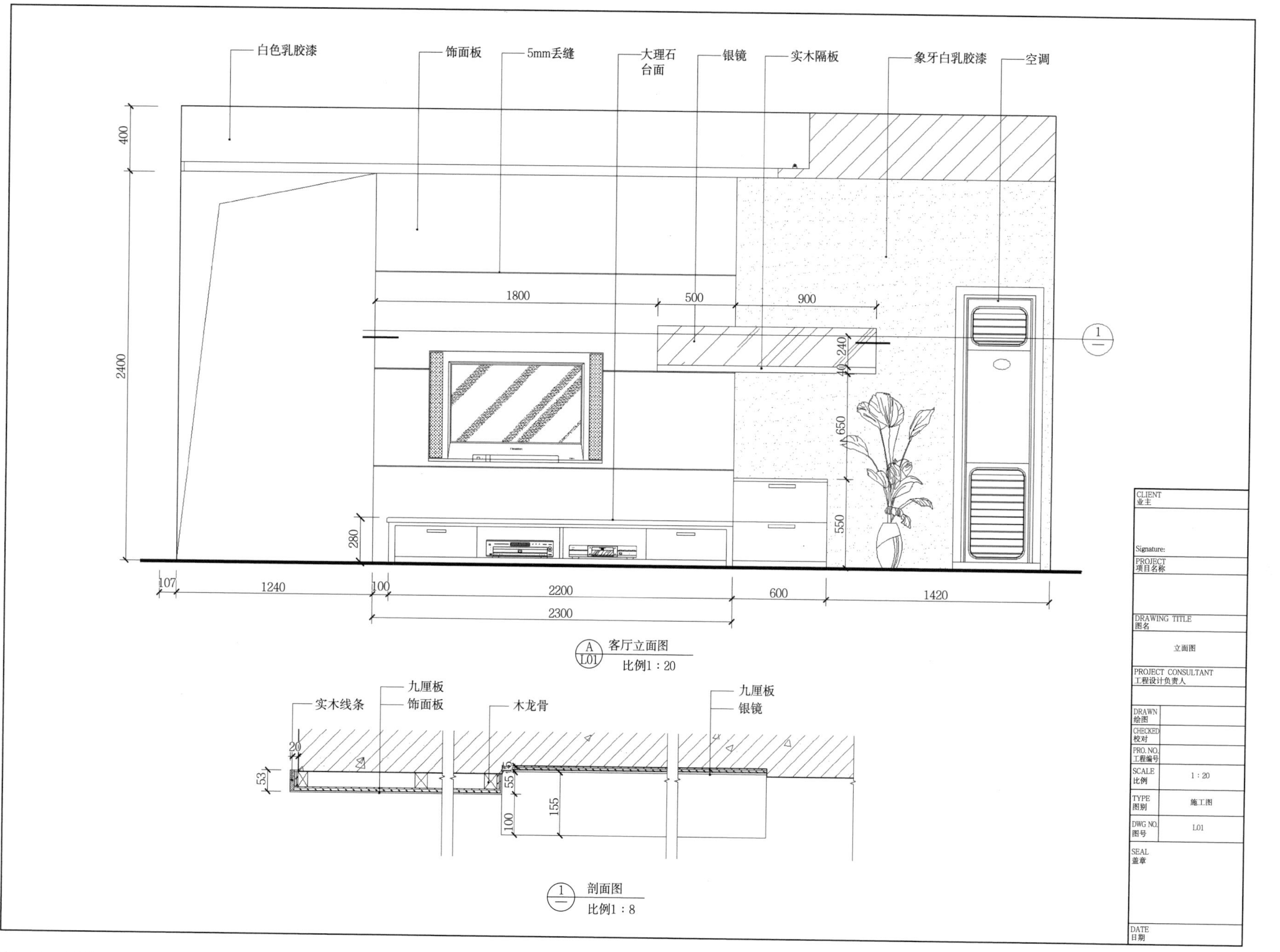

白色乳胶漆
饰面板
5mm壬缝
大理石台面
银镜
实木隔板
象牙白乳胶漆
空调
客厅立面图
比例1：20
九厘板
饰面板
实木线条
木龙骨
九厘板
银镜
剖面图
比例1：8
CLIENT 业主
Signature:
PROJECT 项目名称
DRAWING TITLE 图名
立面图
PROJECT CONSULTANT 工程设计负责人
DRAWN 绘图
CHECKED 校对
PRO.NO. 工程编号
SCALE 比例
1：20
TYPE 图别
施工图
DWG NO. 图号
L01
SEAL 盖章
DATE 日期

图 3-7-5 立面图一

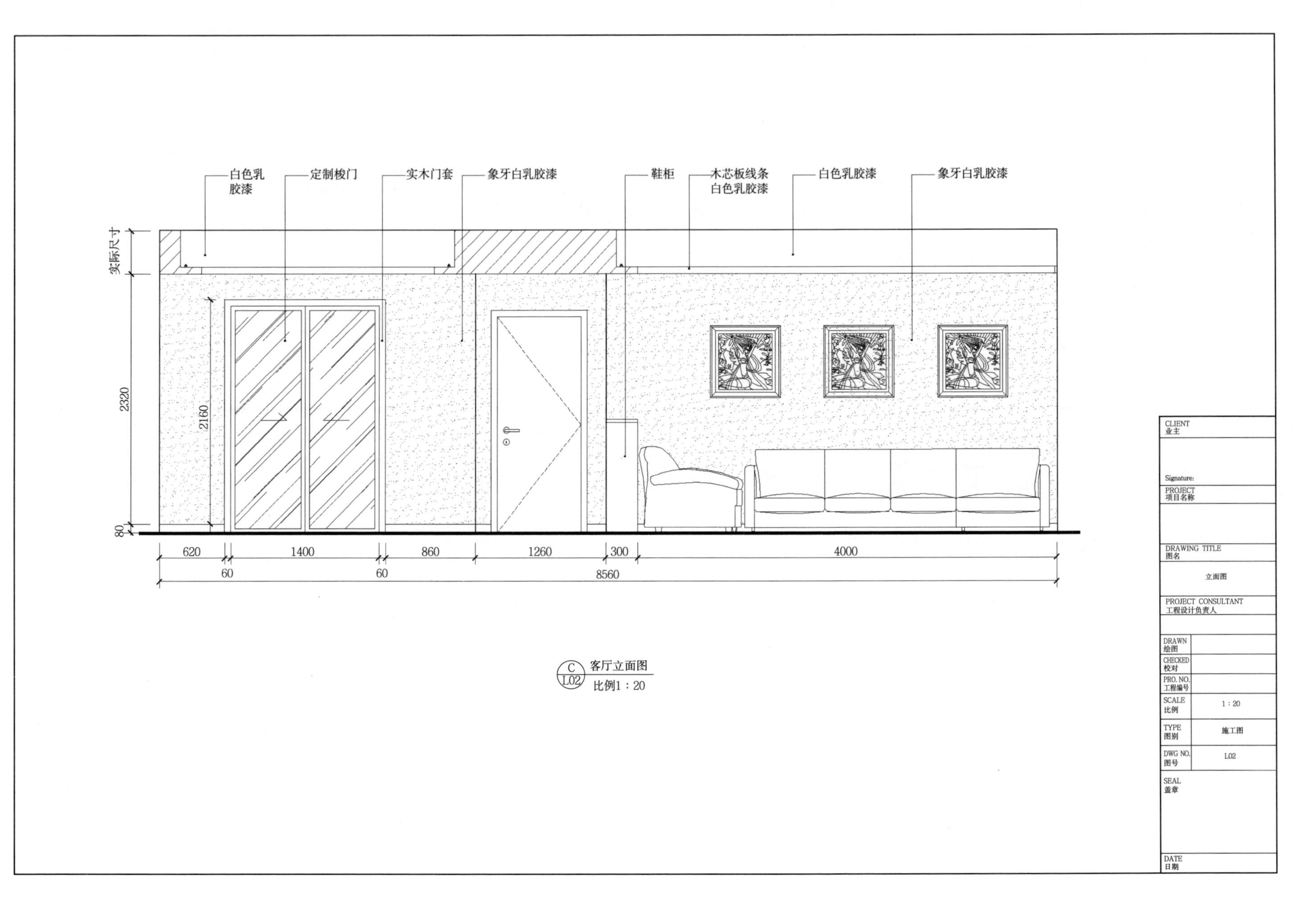
白色乳
胶漆
定制梭门
实木门套
象牙白乳胶漆
鞋柜
木芯板线条
白色乳胶漆
白色乳胶漆
象牙白乳胶漆
实际尺寸
2320
2160
80
620
1400
860
1260
300
4000
60
60
8560
C
L02
客厅立面图
比例1：20
CLIENT
业主
Signature:
PROJECT
项目名称
DRAWING TITLE
图名
立面图
PROJECT CONSULTANT
工程设计负责人
DRAWN
绘图
CHECKED
校对
PRO. NO.
工程编号
SCALE
比例
1：20
TYPE
图别
施工图
DWG NO.
图号
L02
SEAL
盖章
DATE
日期

图 3-7-6 立面图二

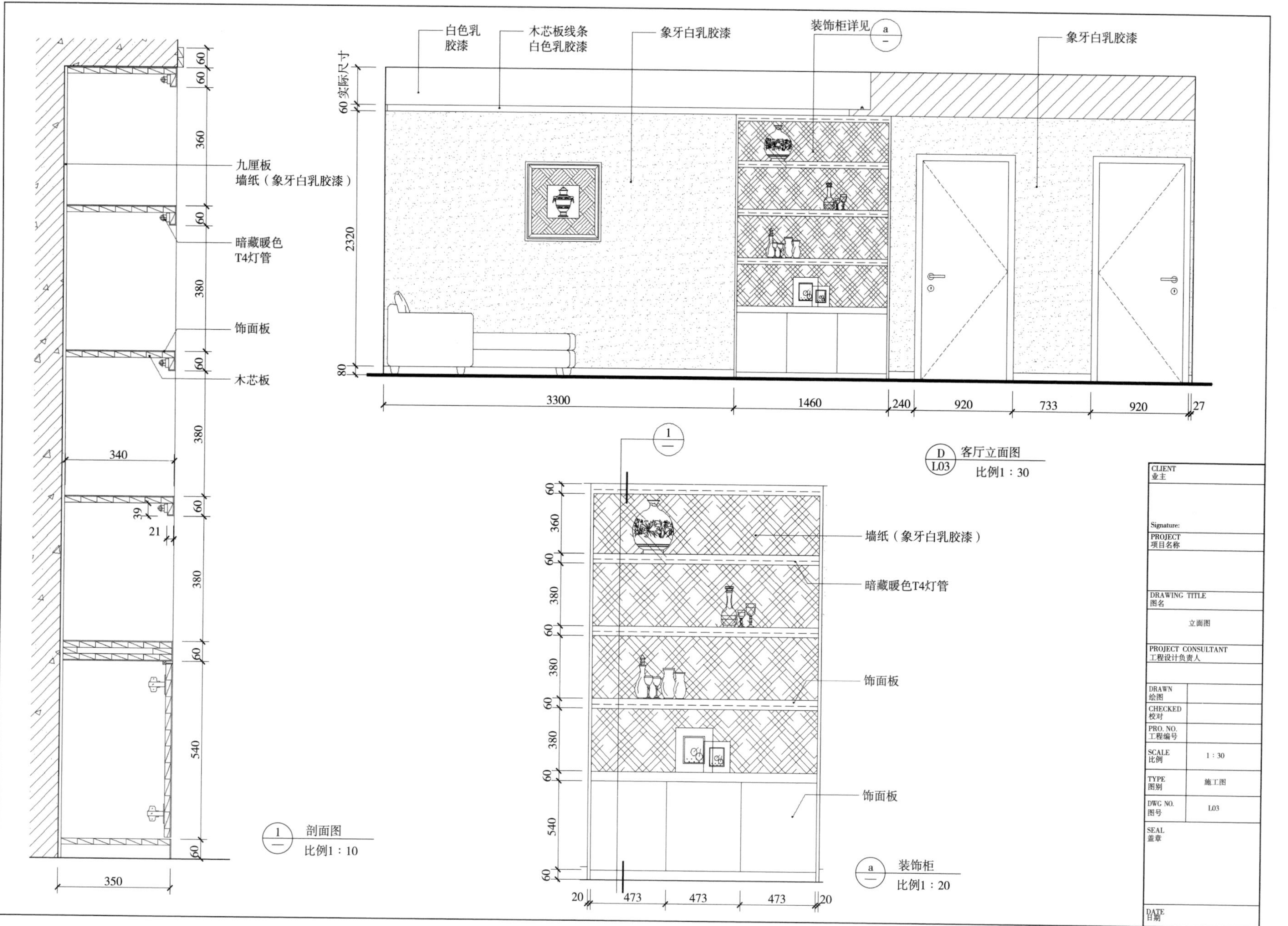

图 3-7-7　立面图及剖面图一

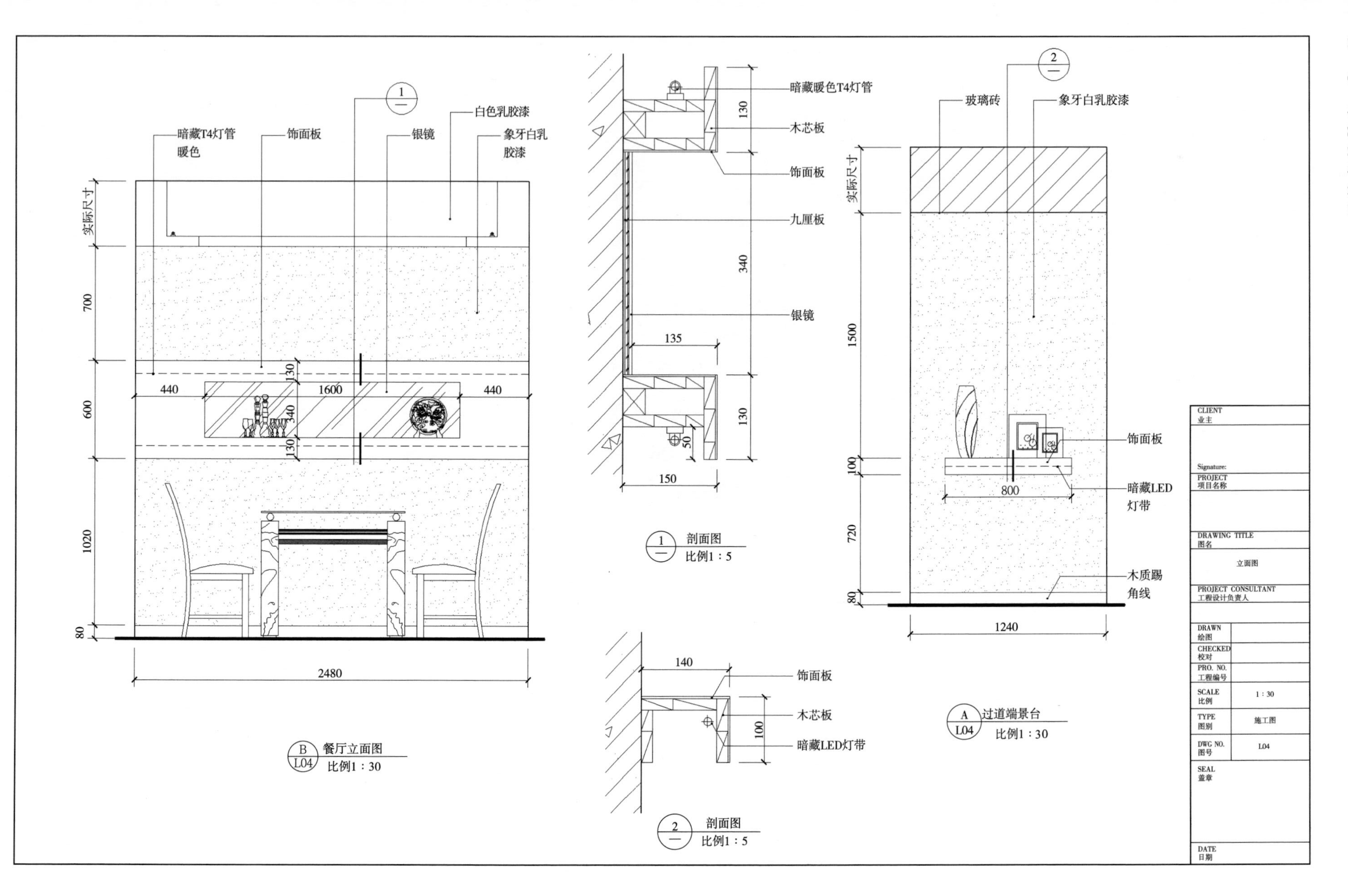

图 3-7-8 立面图及剖面图二

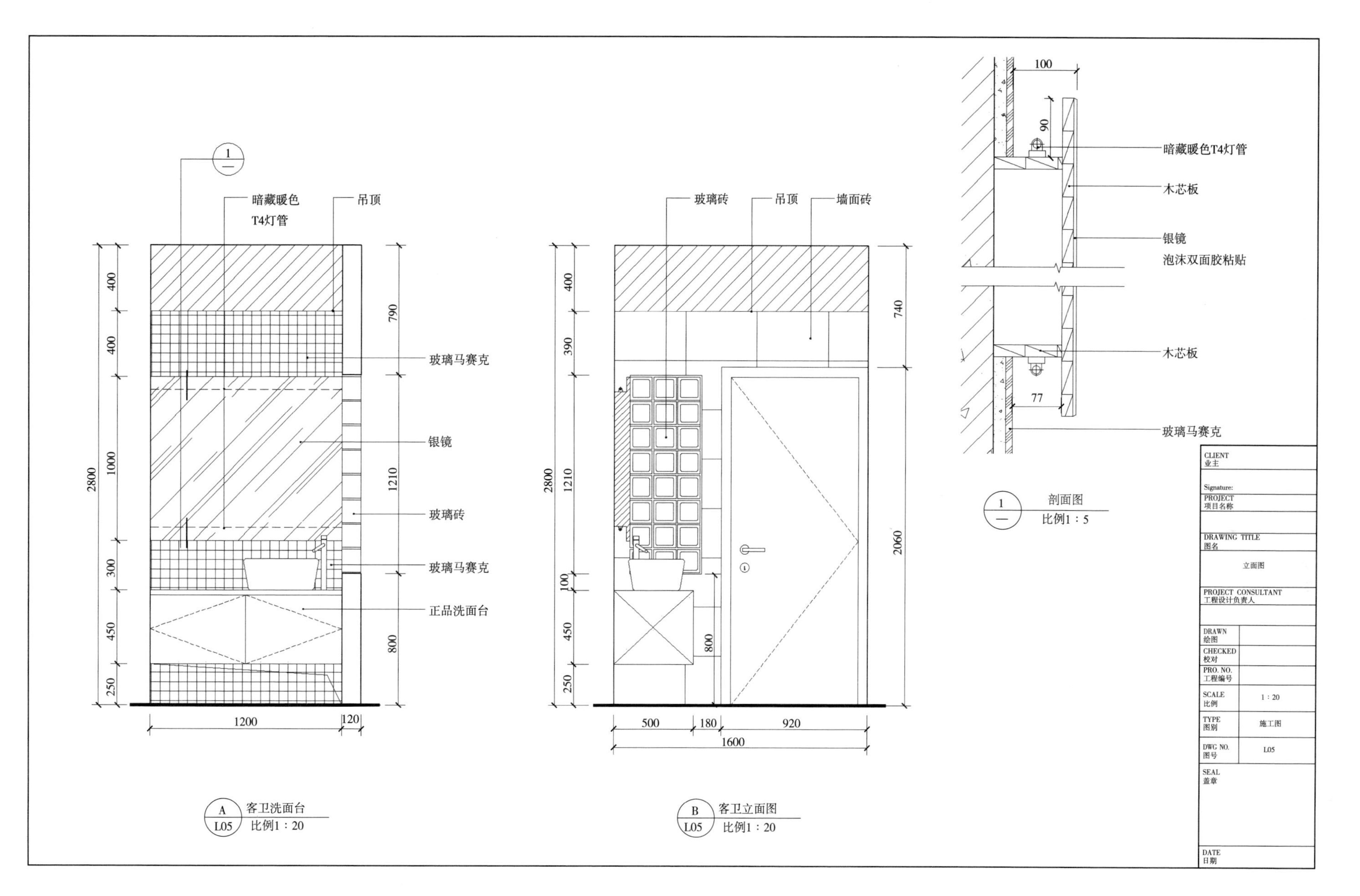

图 3-7-9 立面图及剖面图三

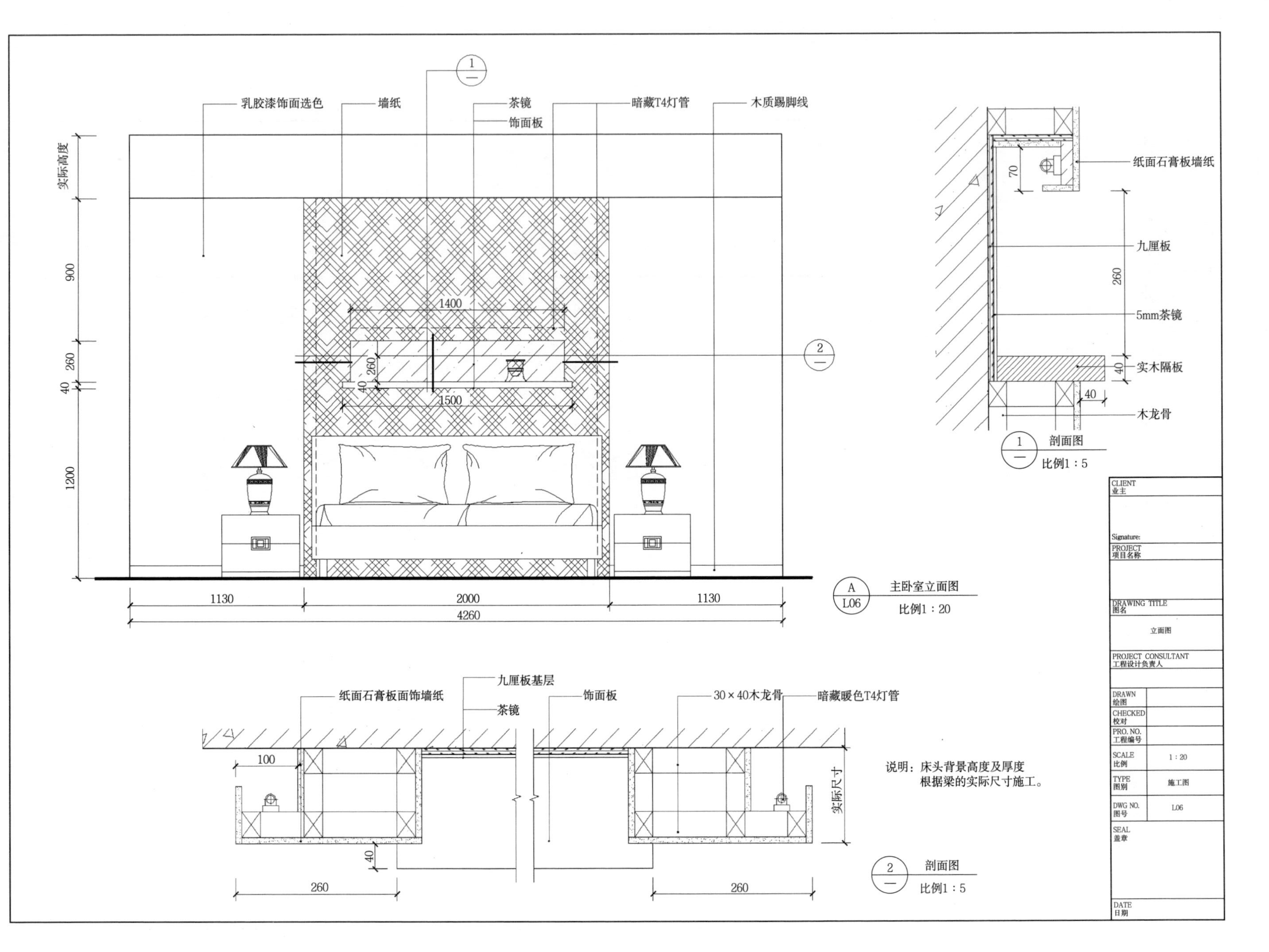

图 3-7-10 立面图及剖面图四

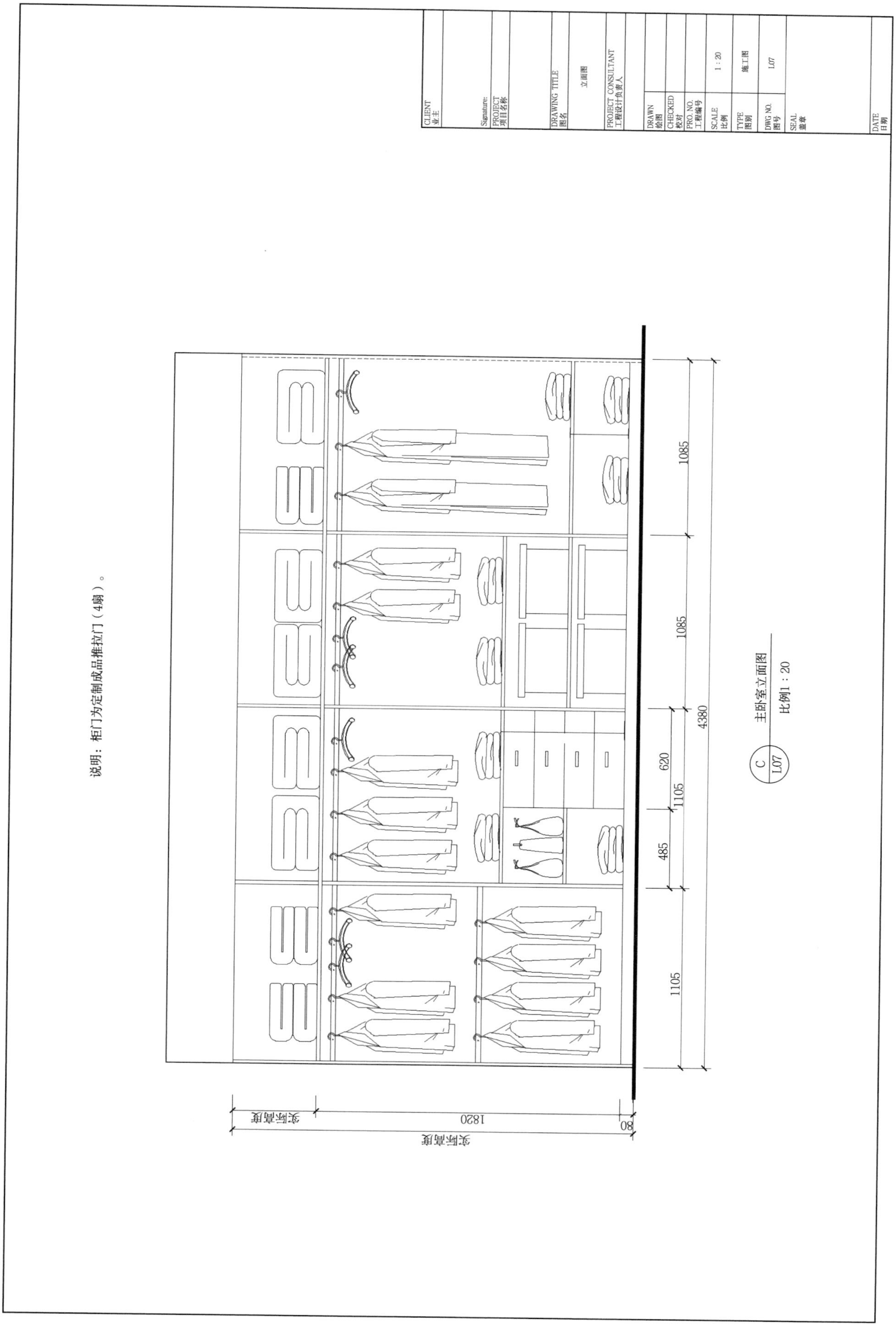

CLIENT 业主	
Signature:	
PROJECT 项目名称	
DRAWING TITLE 图名	立面图
PROJECT CONSULTANT 工程设计负责人	
DRAWN 绘图	
CHECKED 校对	
PRO. NO. 工程编号	
SCALE 比例	1：20
TYPE 图别	施工图
DWG NO. 图号	L07
SEAL 盖章	
DATE 日期	

说明：柜门为定制成品推拉门（4扇）。

1085
1085
620
485
1105
1105
4380
实际高度
1820
80
实际高度

C
L07
主卧室立面图
比例1：20

图 3-7-11　立面图三

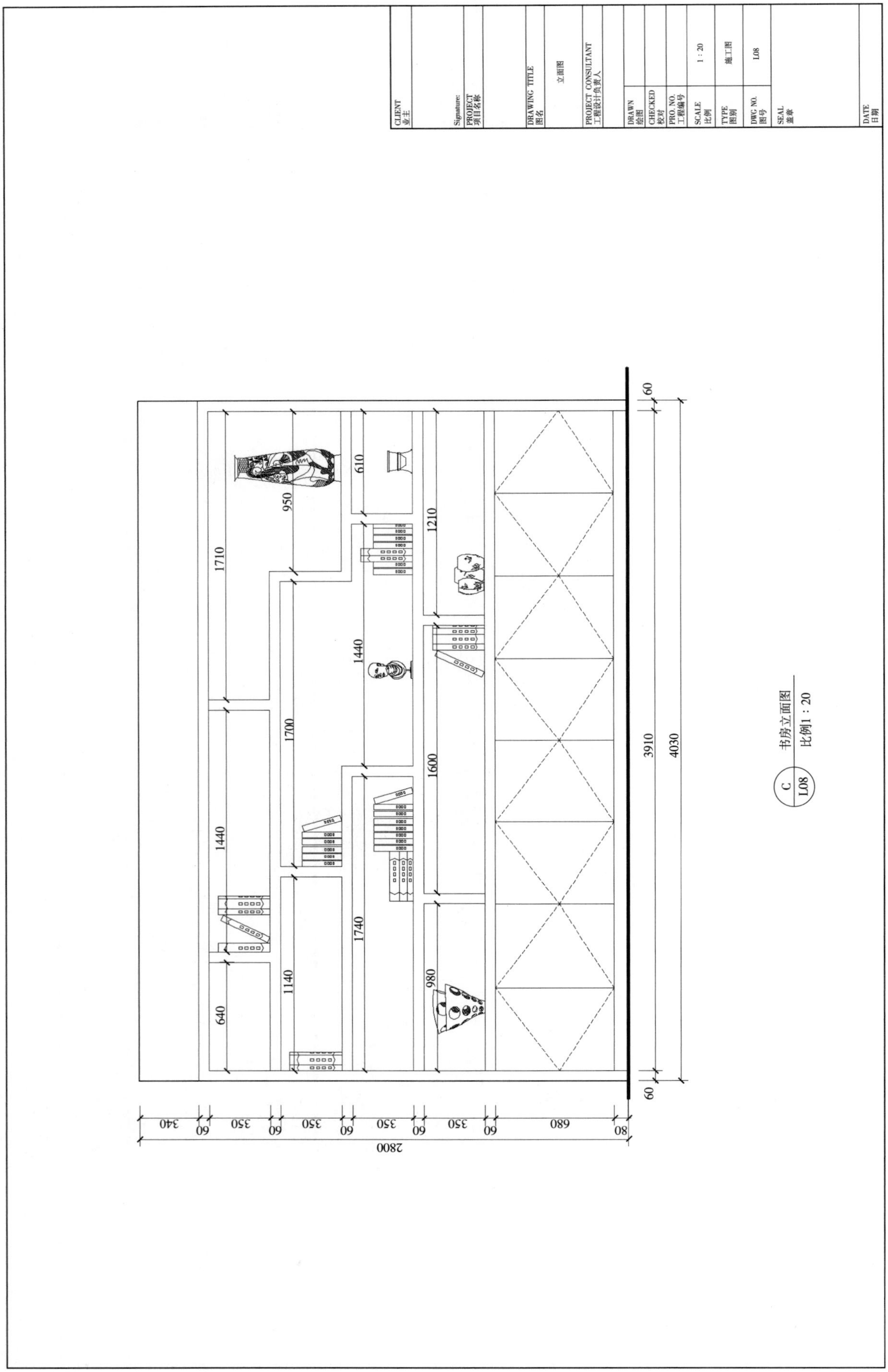

书房立面图
比例1：20

图 3-7-12 立面图四

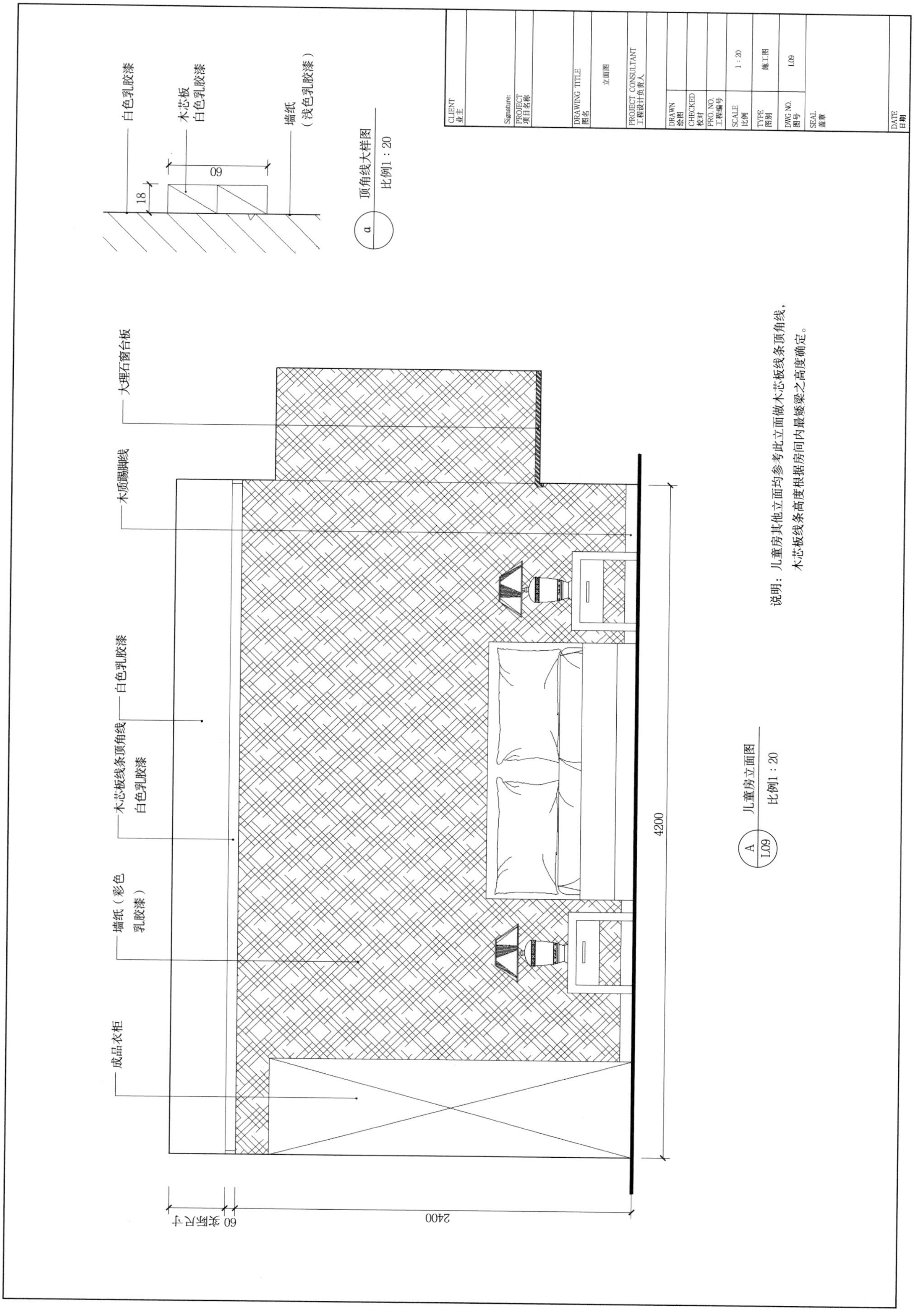
白色乳胶漆
木芯板
白色乳胶漆
墙纸
（浅色乳胶漆）
60
18
a
顶角线大样图
比例1：20
CLIENT 业主
Signature:
PROJECT 项目名称
DRAWING TITLE 图名
立面图
PROJECT CONSULTANT 工程设计负责人
DRAWN 绘图
CHECKED 校对
PRO. NO. 工程编号
SCALE 比例
1：20
TYPE 图别
施工图
DWG NO. 图号
L09
SEAL 盖章
DATE 日期
大理石窗台板
木质踢脚线
白色乳胶漆
木芯板线条顶角线
白色乳胶漆
墙纸（彩色
乳胶漆）
成品衣柜
说明：儿童房其他立面均参考此立面做木芯板线条顶角线，
木芯板线条高度根据房间内最矮梁之高度确定。
A
L09
儿童房立面图
比例1：20
4200
2400
60
60
实际尺寸

图 3-7-13 立面图五

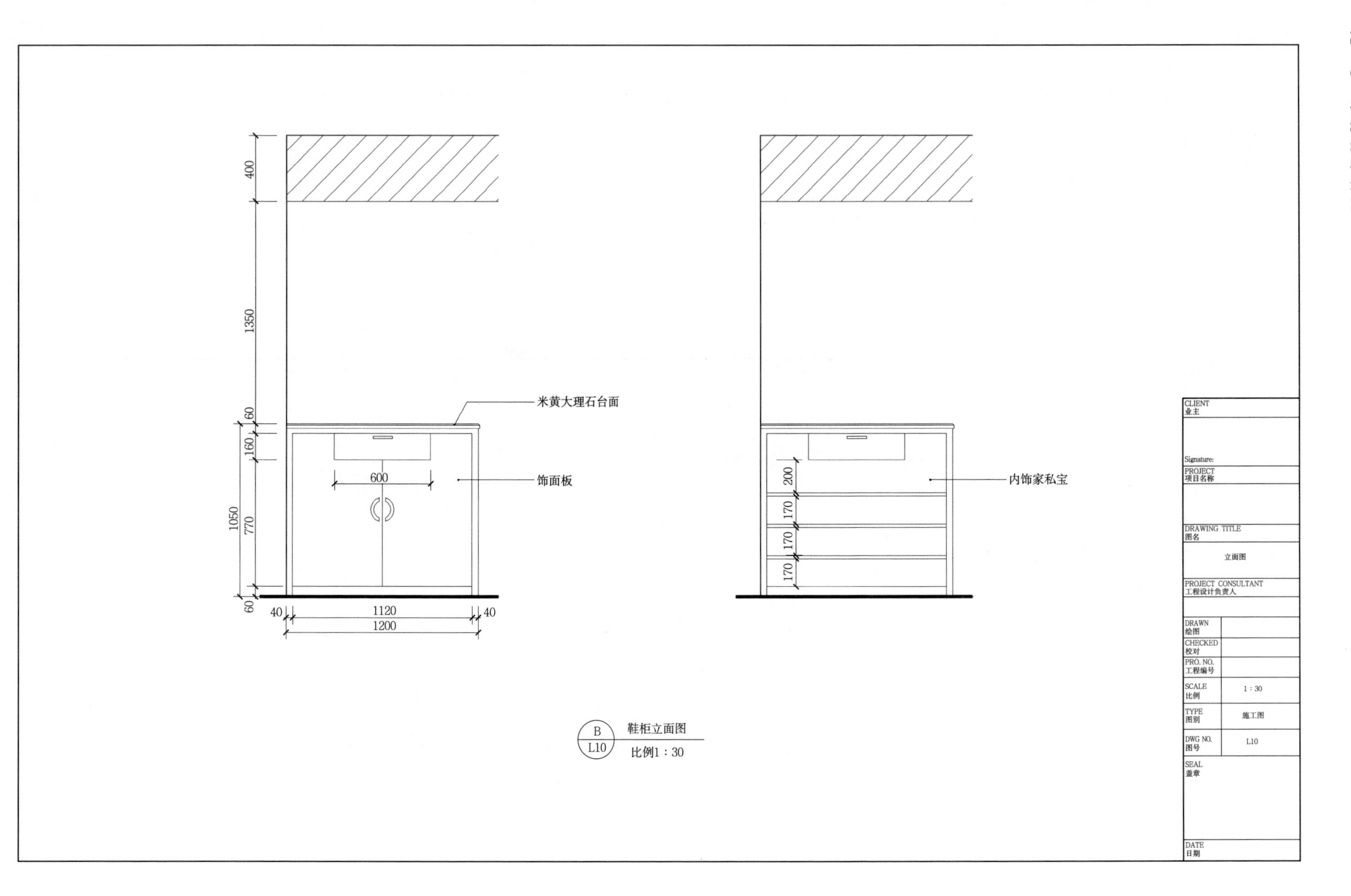
400
1350
60
160
1050
770
60
米黄大理石台面
饰面板
600
40
1120
40
1200
内饰家私宝
200
170
170
170
B
L10
鞋柜立面图
比例1 : 30
CLIENT 业主
Signature:
PROJECT 项目名称
DRAWING TITLE 图名
立面图
PROJECT CONSULTANT 工程设计负责人
DRAWN 绘图
CHECKED 校对
PRO. NO. 工程编号
SCALE 比例
1 : 30
TYPE 图别
施工图
DWG NO. 图号
L10
SEAL 盖章
DATE 日期

图 3-7-14 立面图六

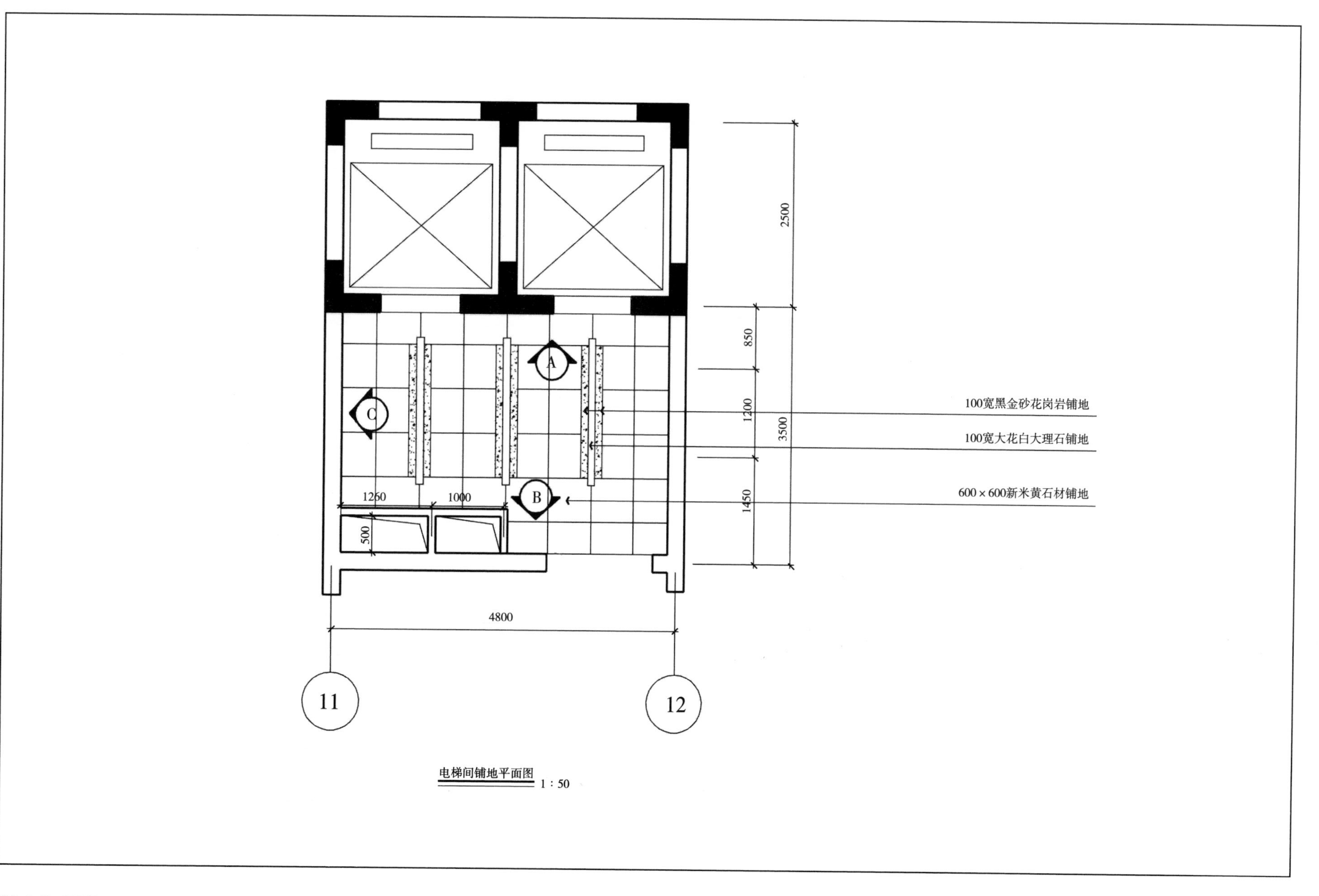
2500
850
1200
3500
1450
100宽黑金砂花岗岩铺地
100宽大花白大理石铺地
600×600新米黄石材铺地
A
B
C
1260
1000
500
4800
11
12
电梯间铺地平面图 1:50

图 3-7-15 平面图

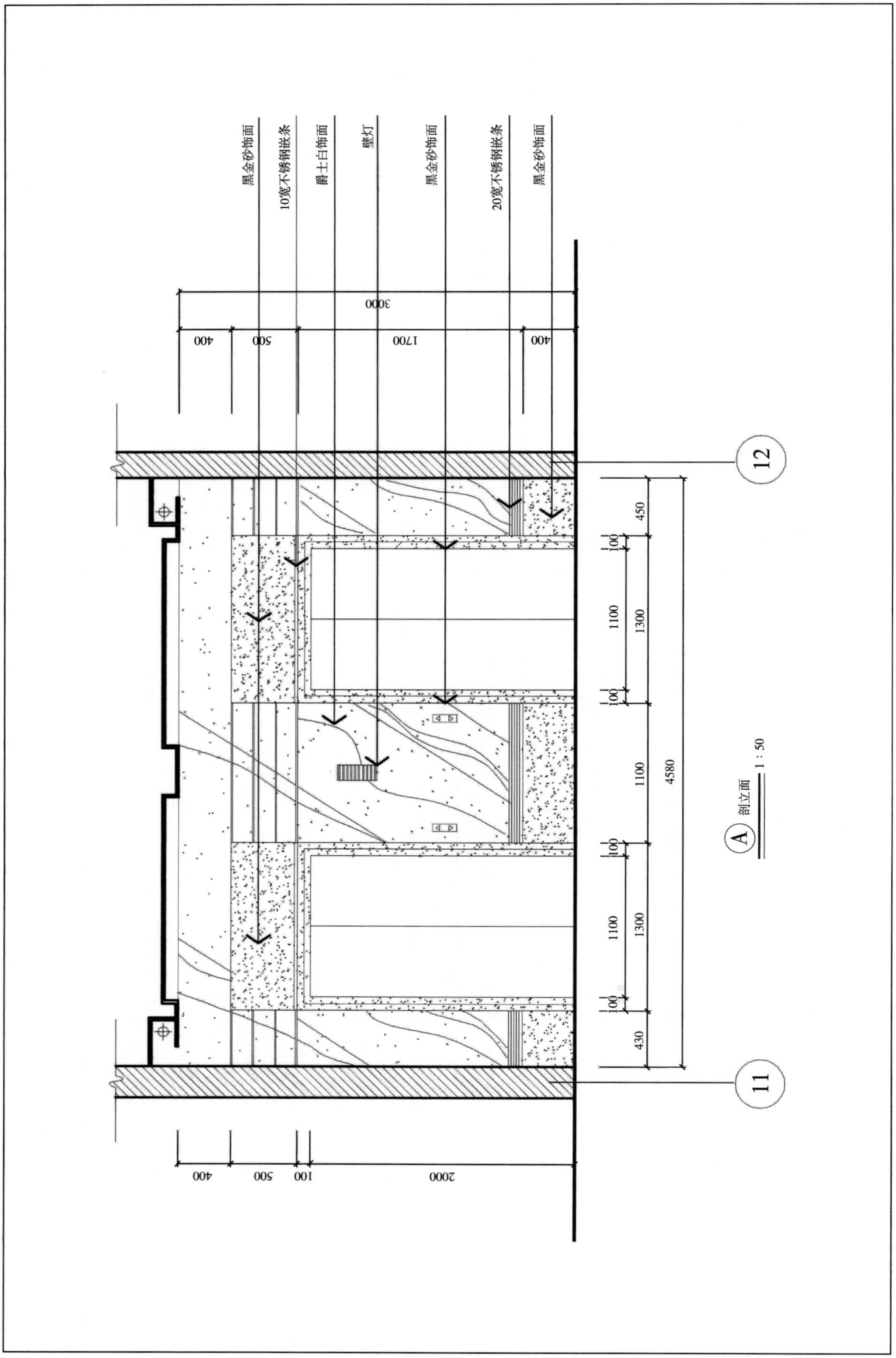

黑金砂饰面

10宽不锈钢嵌条

爵士白饰面

壁灯

黑金砂饰面

20宽不锈钢嵌条

黑金砂饰面

400 500 100 2000

400 500 1700 400 3000

100 1100 100 100 1100 100

430 1300 1100 1300 450

4580

11

A 剖立面 1:50

12

图3-7-16 剖面图一

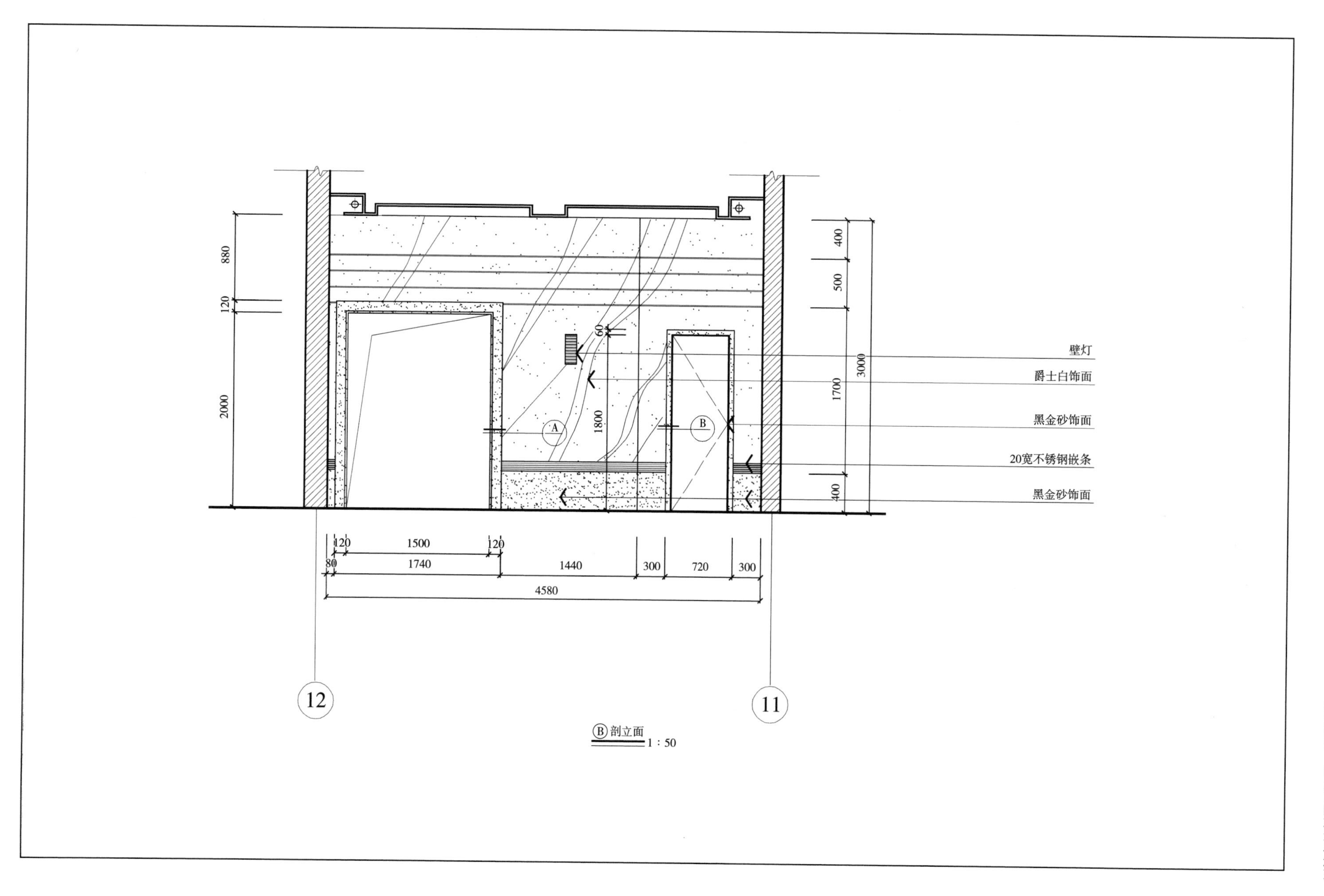
880
120
2000
60
1800
A
B
壁灯
爵士白饰面
黑金砂饰面
20宽不锈钢嵌条
黑金砂饰面
400
500
1700
400
3000
120
1500
120
80
1740
1440
300
720
300
4580
12
11
B 剖立面
1：50

图 3-7-17 剖面图二

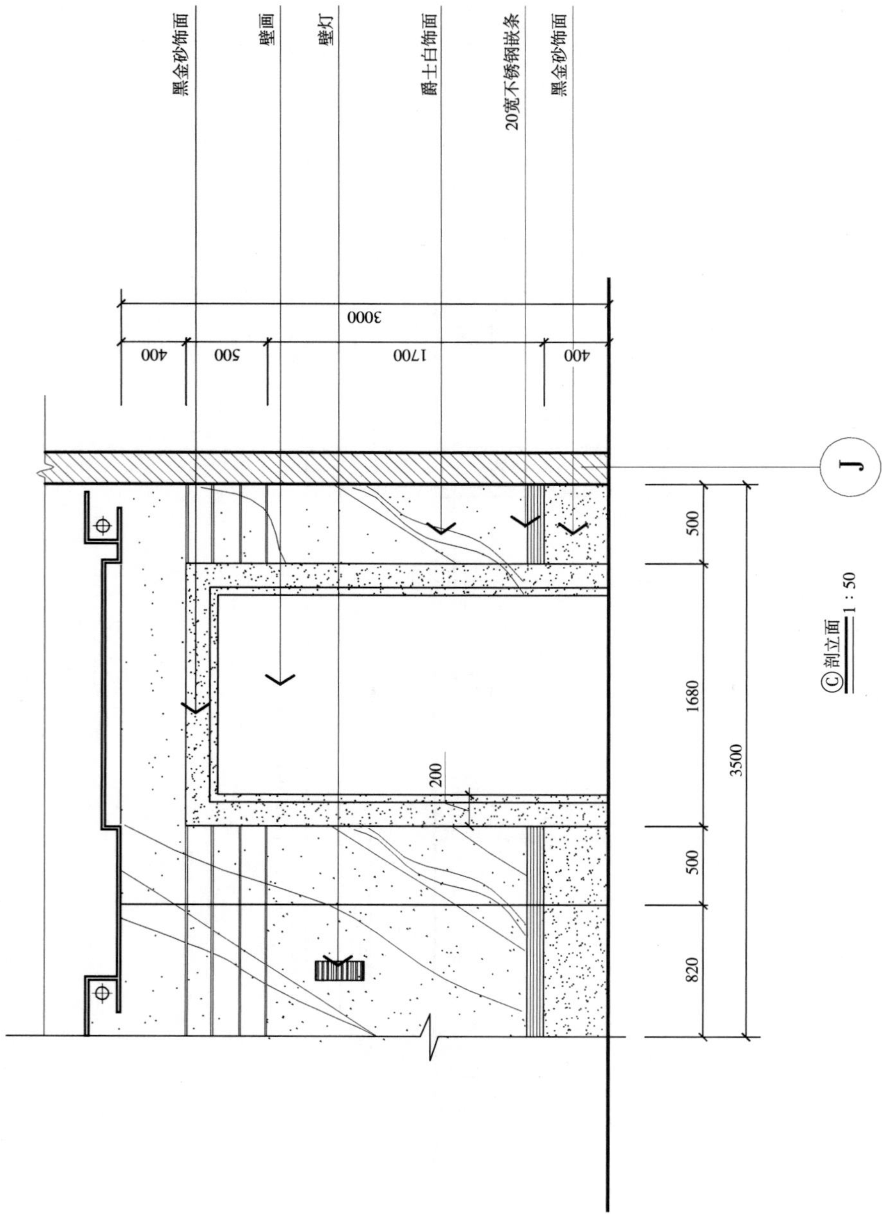

黑金砂饰面

壁画

壁灯

爵士白饰面

20宽不锈钢嵌条

黑金砂饰面

400 500 1700 400

3000

200

820 500 1680 500

3500

Ⓒ剖立面 1 : 50

J

图3-7-18 剖面图三

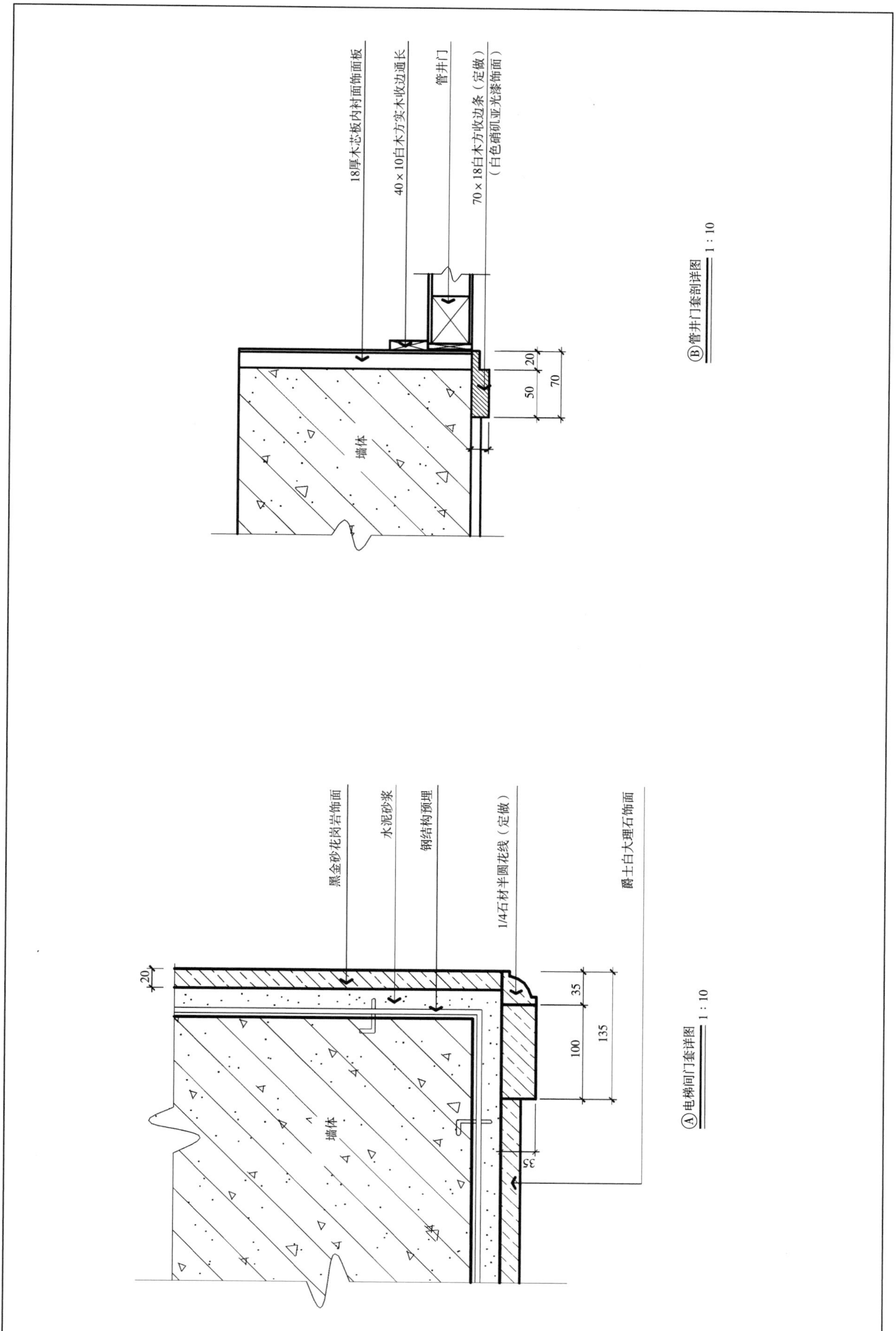

20
墙体
黑金砂花岗岩饰面
水泥砂浆
钢结构预埋
1/4石材半圆花线（定做）
35
100
35
135
爵士白大理石饰面
Ⓐ电梯间门套详图
1 : 10
墙体
18厚木芯板内衬面饰面板
40×10白木方实木收边通长
管井门
70×18白木方收边条（定做）
（白色硝矾亚光漆饰面）
50
20
70
Ⓑ管井门套剖详图
1 : 10

图 3-7-19　详图一

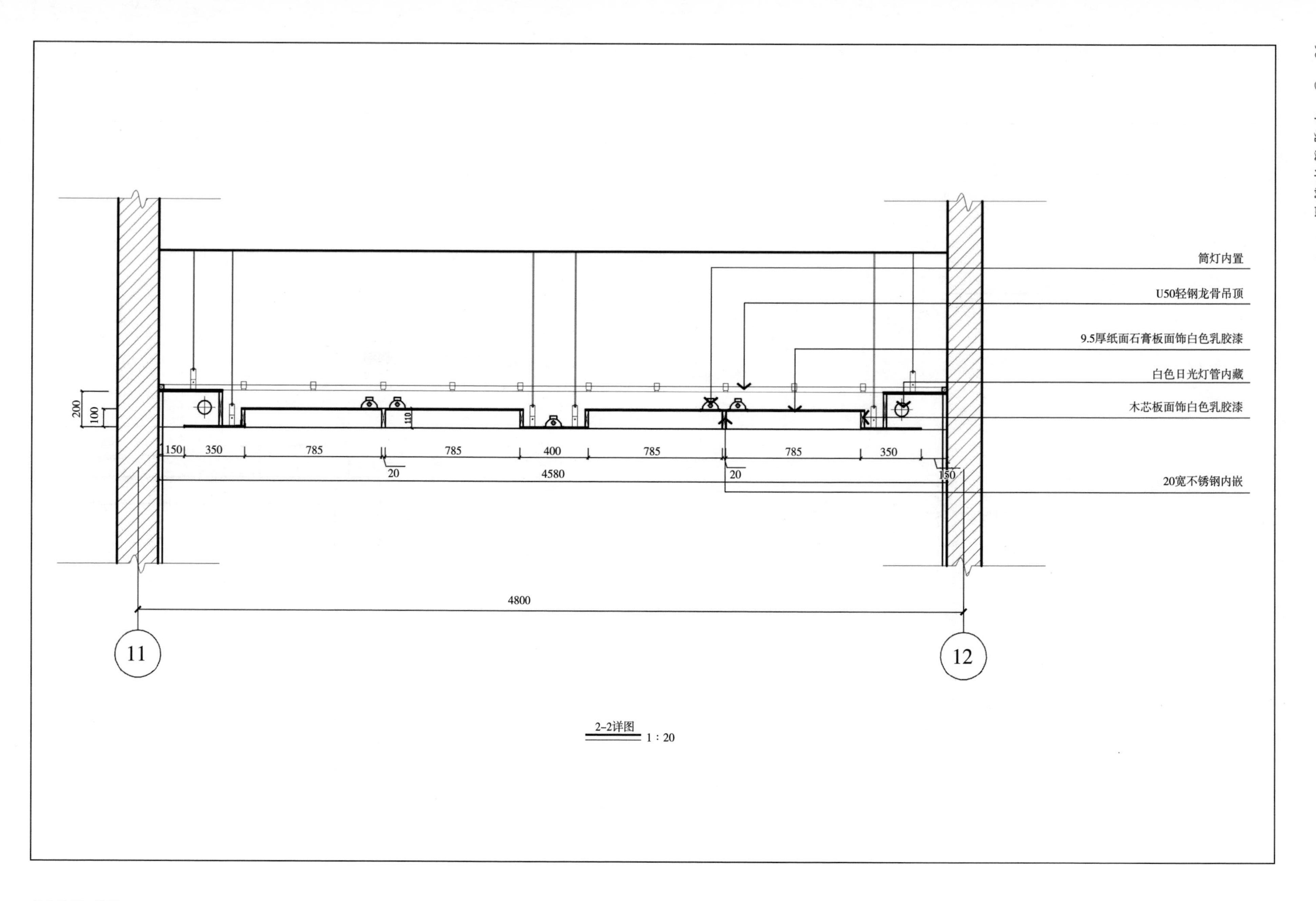
筒灯内置
U50轻钢龙骨吊顶
9.5厚纸面石膏板面饰白色乳胶漆
白色日光灯管内藏
木芯板面饰白色乳胶漆
20宽不锈钢内嵌
200
100
110
150
350
785
785
400
785
785
350
20
4580
20
150
4800
11
12
2-2详图 1 : 20

图 3-7-20 详图二

第八节 计算机辅助制图

一、计算机制图的特点和优势

随着科技的发展，计算机逐步代替了手绘施工图，呈现出其在制图方面的较大优势和特点。

1. 计算机绘制施工图能够提高设计的工作效率

（1）高速的复制能力是计算机绘图的最大优点之一，它使制图人员省掉了许多繁重且枯燥的工作。

（2）大量的施工图可以数据化进行储存，这是计算机文件管理的一大特点。它能清楚地将文件分类储存，并且可以随时提调出来进行修改；通过互联网，还能进行远程传送。

（3）计算机制图模块的使用及图库的更新、扩展也能提高制图的效率。

2. 数据的操作提高了设计工作的精确性

精确的数据化操作使计算机在施工图绘制阶段成为设计师可靠的工具。它不但能准确地标注尺寸，还能快速地核查数据，甚至还可以将设计底图精确无误地输入坐标系统进行定位分析。

3. 各类制图软件提高了设计工作的专业性

针对不同类别的施工图（例如建筑施工图、装修施工图、电气施工图、暖通施工图等）设计和制作，都对应有相应的专业制图软件，专业设计人员可以通过这些便利的软件设计出专业模块，从而快速绘制出施工图。

二、计算机制图的实际工作要求

在实际工作中，公司或单位的制图标准要求统一，以便提高工作效率，使设计工作规范化、标准化、网络化。表 3-8-1 给出了计算机辅助制图“图纸字体”标准，以供大家参考。

表 3-8-1 图纸字体要求

用途		字型	字高	宽高比
图纸名称	中文	St64f.shx	10mm	0.8
说明文字标题	中文	St64f.shx	5.0mm	0.8
标注文字	中文	Hztxt.shx	3.5mm	0.8
说明文字	中文	Hztxt.shx	3.5mm	0.8
总说明	中文	St64f.shx	5.0mm	0.8
标注尺寸	西文	Romans.shx	3.0mm	0.8

注 中西文比例设置为 1 ： 0.7，说明文字一般应位于图面右侧。字高为打印出图后的高度。

除投标及其特殊情况外，均应采取下述字体文件，尽量不使用 Ture 字体，以加快图形的显示，缩小图形文件。同一图形文件内字形数目不要超过 4 种。下述字体文件为标准字体，将其放置在 CAD 软件的 FONTS 目录中即可。

Romans.shx——西文花体　　Hztxt.shx——汉字单线　　Bold.shx——西文黑体

Txt.shx——西文单线体　Simpelx.shx——西文单线体　St64f.shx——汉字宋体

Ht64f.shx——汉字黑体　Kt64f.shx——汉字楷体　Fs64f.shx——汉字仿宋

汉字字型优先考虑采用 Hztxt.shx 和 Hzst.shx；西文优先考虑 Romans.shx 和 Simplex.shx 或 Txt.shx。所有中英文之标注宜按表 3-8-1 执行。

第九节　室内设计施工图相关规范

一、平面图

平面图内容范围：建筑原况、总平面、分平面。

为了方便施工过程中各施工阶段、各施工内容以及各专业供应方阅读图的要求，可将平面图细分如下（当设计对象较为简易时，视具体情况可将下述几项内容合并在同一张平面上）。

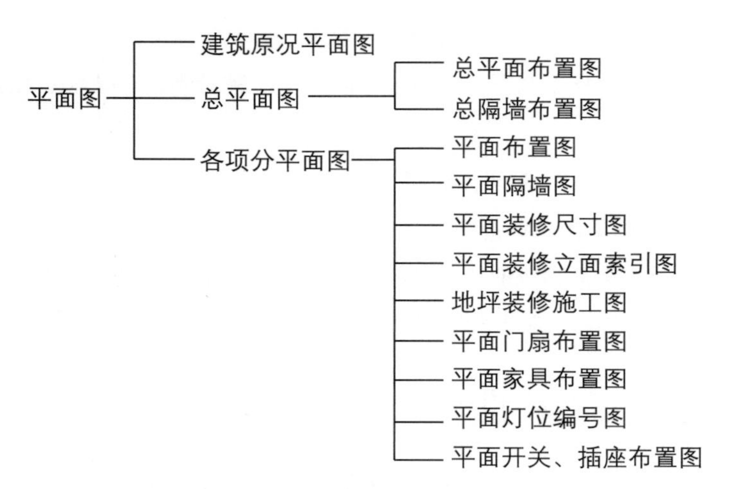

1. 建筑原况平面图

（1）表达出原建筑的平面结构内容，绘出隔墙位置与空间关系和竖向构件及管井位置等，绘制深度到建设为止。

（2）表达出建筑轴号及轴线间的尺寸。

（3）表达出建筑标高。

2. 总平面布置图

（1）表达出完整的平面布置内容全貌，及各区域之间的相互关系。

（2）表达建筑轴号及轴号间的建筑尺寸。

（3）表达各功能的区域位置及说明。说明用阿拉伯数字区分编号，并在图中将每一编号的具体功能以文字说明。

（4）表达出装修标高关系。

（5）总图中除轴线尺寸外，无其他尺寸表达，无家具、灯具编号和材料编号。

3. 总隔墙布置图

（1）表达按室内设计要求重新布置的隔墙位置，以及被保留的原建筑隔墙位置。表达出承重墙和非承重墙的位置。

（2）原墙拆除以虚线表示。

（3）表达出门洞、窗洞的位置尺寸。

（4）表达出各地坪装修标高的关系。

4. 平面布置图

（1）详细表达出该部分剖切线以下的平面空间布置内容及关系。

（2）表达出隔断、固定家具、固定构件、活动家具、窗帘等。

（3）表达出活动家具及陈设品图例。

（4）表达出电器、电灯的图例。

（5）注明装修地坪的标高。

（6）注明本部分的建筑轴号及轴线尺寸。

5. 平面装修尺寸图

（1）详细表达出该部分剖切线以下的平面空间布置内容及关系。

（2）表达出隔断、固定家具、固定构件、活动家具、窗帘等。

（3）详细表达出平面上各装修内容的详细尺寸。

（4）表达出地坪标高关系。

（5）注明轴号及轴线尺寸。

（6）不表示任何活动家具、灯具、陈设品等。

6. 平面装修立面索引图

（1）详细表达出该部分剖切线以下的平面空间布置内容及关系。

（2）表达出隔断、固定家具、固定构件、活动家具、窗帘等。

（3）详细表达出各立面、剖立面的索引号和剖切号，表达出平面中被索引的详图号。

（4）表达出地坪标高关系。

（5）注明轴号及轴线尺寸。

（6）不表示任何活动家具、灯具、陈设品等。

7. 地坪装修施工图

（1）详细表达出该地坪界面的空间内容关系。

（2）详细表达出该地坪材料的规格、材料编号及施工排版图。

（3）表达出埋地式内容（如：埋地灯、暗藏光源、地插座等）。

（4）表达出相接材料的装修节点和地坪落差节点及剖切索引号。

（5）表达出地坪装修所需的构造节点索引。

（6）注明地坪标高关系。

（7）注明轴号及轴线尺寸。

8. 平面灯位编号图

（1）表达出该部分剖切线以下的平面空间布置内容及关系。

（2）表达出平面中每一款灯光和灯饰的位置及图形。

（3）表达出各立面中各类壁灯、画灯、镜前灯的平面投影位置及图形。

（4）表达出地坪上的埋地灯和踏步灯等。

（5）表达出暗藏与平面、地面、家具及装修中的光源。

（6）表达出各类灯光、灯饰的编号。

（7）注明地坪标高关系。

（8）注明轴号及轴线尺寸。

9. 平面开关、插座布置图

（1）表达出该部分剖切线以下的平面空间布置内容及关系。

（2）表达出各墙和地面的开关、强和弱电插座的位置和图例。

（3）不表示地坪材料和活动家具、陈设品。

（4）注明地坪标高关系。

（5）注明轴号及轴线尺寸。

（6）表达出开关、插座在本图纸中的图表注释。

二、顶平面图

室内平面图，指向上仰视的正投影平面图，具体可分为下面两种情况：其一，顶面基本处于一个标高时，顶平面图就是顶界面的平面影像图，即（顶）界面图；其二，顶面处于不同标高时，既采用水平剖切后，去掉下半部分，自下而上仰视可得到正投影图，剖切高度以充分展现顶面设计全貌的最恰当处为宜。

顶平面图内容范围如下（当设计对象较为简易时，视具体情况可将下述几项内容合并在同一张顶平面图上）：

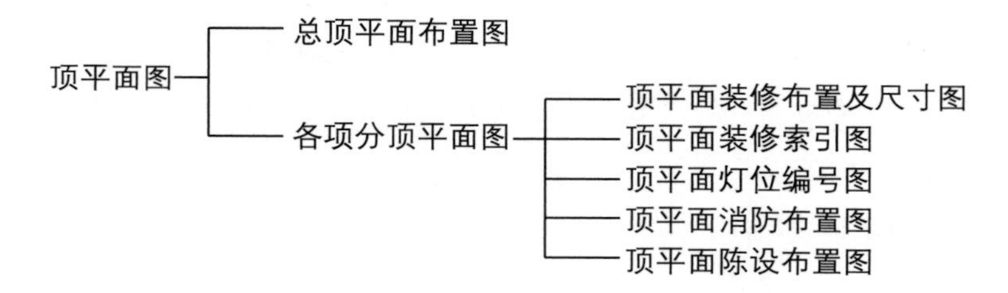

1. 总顶平面布置图

（1）表达出剖切线以上的总体建筑与室内空间的造型及关系。

（2）表达顶平面上总的灯位、装饰及其他（不注尺寸）。

（3）表达出出风口、烟感器、喷淋、广播等设备内容。

（4）表达各顶平面标高关系。

（5）表达出门、窗洞口的位置。

（6）注明轴号及轴线尺寸。

2. 顶平面装修布置及尺寸图

（1）详细表达出剖切线以上的建筑与室内空间的造型及关系。

（2）表达出详细的装修尺寸、安装尺寸。

（3）表达出顶部灯位及其他装饰物。

（4）表达出窗帘及窗帘盒。

（5）表达出门、窗洞口的位置（无门扇表达）。

（6）表达出出风口、烟感器、喷淋、广播等设备内容。

（7）表达出装修材料。

（8）表达各顶平面标高关系。

（9）注明轴号及轴线尺寸。

3. 顶平面装修索引图

（1）表达出剖切线以上的建筑与室内空间的造型及关系。

（2）表达出顶平面装修的节点剖切索引号及大样索引号。

（3）表达顶平面上总的灯位、装饰及其他（不注尺寸）。

（4）表达出门、窗洞口的位置（无门扇表达），窗帘及窗帘盒。

（5）表达出门、窗洞口的位置（无门扇表达）。

（6）表达出出风口、烟感器、喷淋、广播等设备内容。

（7）表达出顶平面装修材料索引编号。

（8）表达各顶平面标高关系。

（9）注明轴号及轴线尺寸。

4. 顶平面灯位编号图

（1）表达出剖切线以上的建筑与室内空间的造型及关系。

（2）表达出每一光源的位置及图例和编号（不注尺寸）。

（3）表达出需连成一体的光源设置，以弧形细虚线绘制。

（4）表达出窗帘及窗帘盒。

（5）表达各顶平面标高关系。

（6）表达出门、窗洞口的位置（无门扇表达）。

（7）注明轴号及轴线尺寸。

5. 顶平面消防布置图

（1）表达出剖切线以上的建筑与室内空间的造型及关系。

（2）表达出窗帘及窗帘盒。

（3）表达出门、窗洞口的位置（无门扇表达）。

（4）表达出各消防内容的定位尺寸关系。

（5）表达出出风口、消防烟感器、喷淋、应急灯、指示灯、防火卷帘、挡烟垂壁等设备位置及图例。

（6）表达各顶平面标高关系。

（7）注明轴号及轴线尺寸。

三、剖立面图

剖立面图：室内设计中，平行于某内空间立面方向，假设有一个竖直平面从顶至地将该内空间剖切后所得到的正投影图。

剖立面的剖切位置线，应选择在内部空间较为复杂或有起伏变化的，并且最能反映空间组合特征的位置。

剖立面图内容范围如下：

剖立面图
- 装修剖立面图：反映固定装修内容的剖立面图
- 陈设剖立面图：反映陈设内容的剖立面图

1. 装修剖立面图

（1）表达出被剖切后的建筑及装修的断面形式（墙体、门洞、窗洞、抬高地坪、装修内包空间、吊顶后的内包空间等）。断面的绘制深度由所绘制比例大小而定。

（2）表达出在投视方向未被剖切到的可见装修内容和固定家具、灯具造型及其他。

（3）表达出施工尺寸及标高。

（4）表达出节点剖切索引号、大样索引号、材料索引号。

（5）表达出该剖立面的轴号、轴线尺寸。

（6）表达出该剖立面的图号及标题。

2. 陈设剖立面图

（1）表达出被剖切后的建筑及装修的断面形式（墙体、门洞、窗洞、抬高地坪、装修内包空间、吊顶后的内包空间等）。断面的绘制深度由所绘制比例大小而定。

（2）表达出未被剖切到的可见立面及其他。

（3）表达出该剖立面的轴号。

（4）表达出家具、灯具、画框、摆件等陈设物具体的立面形状。

（5）表达出家具、灯具及其他陈设品的索引编号。

（6）表达出家具、灯具及其他陈设品的摆放位置和定位关系或定位尺寸。

（7）表达出该剖立面的图号及标题。

四、立面图

立面图内容范围如下：

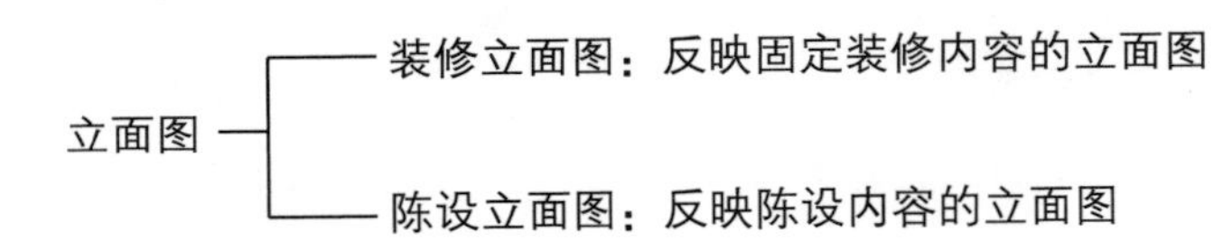

1. 装修立面图

（1）表达出某立面的可见装修内容和固定家具、灯具造型及其他。

（2）表达出施工所需的尺寸标高。

（3）表达出节点剖切索引号、大样索引号。

（4）表达出装修材料的编号及说明。

（5）表达出该剖立面的轴号、轴线尺寸。

（6）若没有单独的陈设立面图，则在本图上表示出活动家具、灯具和各装饰品的立面造型（以虚线绘制主要可见轮廓线），并表示出这些内容的索引编号。

（7）表达出该立面的图号及图名。

2. 陈设立面图

（1）表达出某界立面的装修内容及其他。

（2）表达出标高。

（3）表达出该立面的轴号。

（4）表达出家具、灯具和各装饰品的立面形状和尺寸、索引编号。

（5）表达出该立面的图号及图名。

五、详图

详图：局部详细图样，它由大样、节点和断面三部分组成。

详图内容范围如下：

详图
- 大样图：局部放大比例的图样
- 节点图：反映某局部的施工构造切面图
- 断面图：由剖立面、立面图中引出的自上而下贯穿整个剖切线与被剖物体交得的图形为新断面

1. 大样图

（1）局部详细的大比例放样图。

（2）注明详细尺寸。

（3）注明所需的节点剖切索引号。

（4）注明具体材料编号及说明。

（5）注明详图号和比例。

2. 节点图

（1）详细表达出被切截面从结构体至面饰层的施工构造连接方法及相互关系。

（2）表达出紧固件、连接件的具体图形与实际比例尺度（如膨胀螺栓等）。

（3）详细表达出面饰层造型和材料编号说明。

（4）表达出各断面构造内的材料图例、编号、说明及工艺要求。

（5）表达出详细的施工尺寸。

（6）表达出墙体粉刷线及墙体材质图例。

（7）注明节点详图号及比例。

3. 断面图

（1）表达出由顶至地连贯的被剖截面造型。

（2）表达出由结构体至表饰层的施工构造方法及连接关系（如断面龙骨）。

（3）从断面图中引出需要进一步表达的节点详图、编号和说明。

（4）表达出断面图所需的尺寸深度。

（5）注明有关施工所需的要求。

（6）注明断面图号及比例。

第四部分 景观设计制图

第一节　景观设计基本知识

景观制图的设计程序主要包括以下步骤：

承担设计任务、研究和分析工作（基地分析图）、设计构想（包括构想图、设计图面表现等）施工图及相关文书说明。

1. 承担设计任务、制定设计计划书

当拿到甲方任务书后，我们马上要做的就是研究及收集资料。这阶段的资料有文字和一些现场图片，如一块基地或建筑物的尺度、植栽、土壤、气候、排水、视野、当地风俗及其他因素等。

2. 研究和分析

在设计前，必须准备分析和设计所需要的基本图纸（也就是现状图）。图中应包含：产权线（红线）、地形状况、现有植物、水体、建筑、道路等。然后根据设计任务结合现状进行综合分析。配合适当的手绘分析图，可更有利于向甲方陈述方案大致构想及建议，如图 4-1-1 所示。

3. 设计构想

设计构想包括功能分区分析图、总体设计草图、局部小品设计图等。

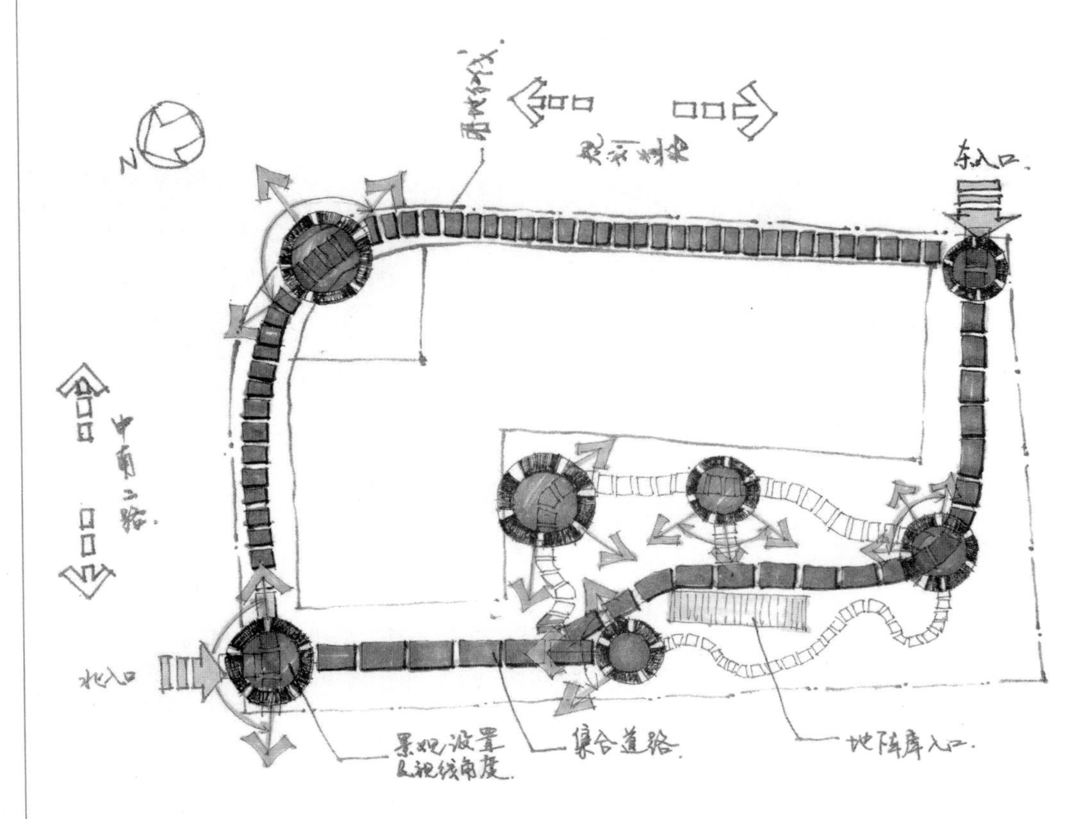

图 4-1-1　某小区环境分析图

基本概念设计阶段是探讨初期的设计构想和机能关系的阶段。此阶段的图也可称为机能示意图、节点分析图。它们大多是手绘速写的表现分析图（图 4-1-2）。

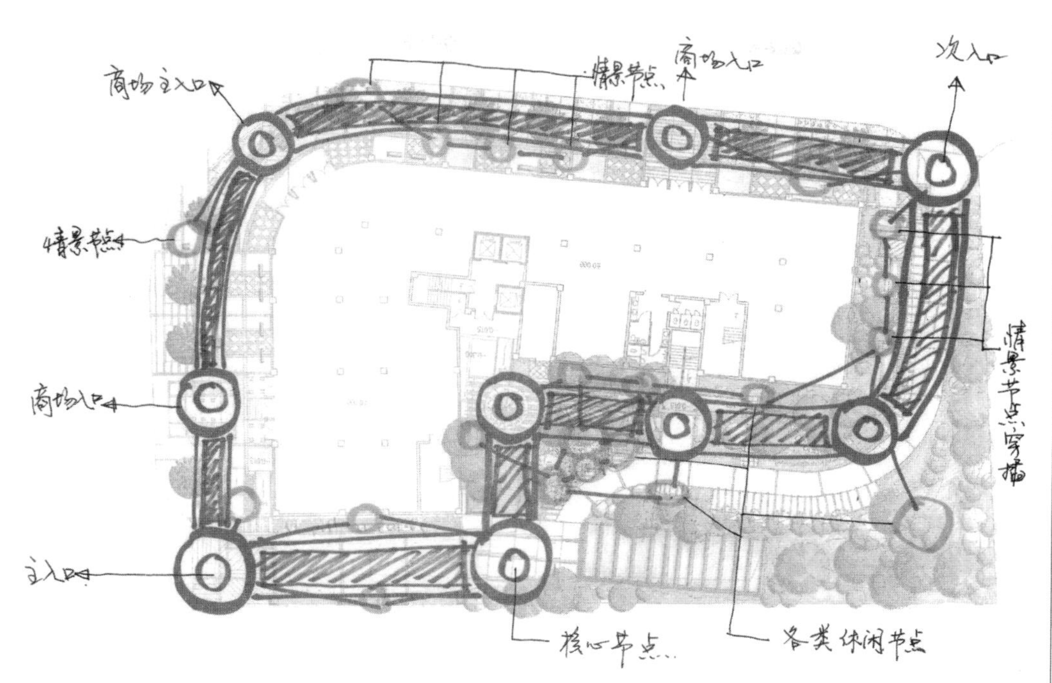

图 4-1-2　小区节点分析图

4. 设计图面表现方法

虽然初步设计的图面通常是随意的，但它们仍需要表现出明确的形状、材料及空间，便于设计者自我评估和与甲方交流。一般来说，较精致的表现图必须真实而可信，包括总平面设计图（图 4-1-3）及透视小品图（图 4-1-4）等，都应具有很强的说明性。

这一阶段，明确的构想开始成形。这些表现图便于设计者与甲方沟通、讨论并对后期设计方案提供反馈信息。此阶段的图包括一些最初设计图、分析图、主要规划平面图及一些手绘透视效果图，通常把这些图整理成册即方案本。

图 4-1-3　总平面设计图

图 4-1-4 透视小品图

5. 施工图

在景观施工中必须具备一系列的营造说明图纸，供各种承包商参考。为了详细指明各构造的细部设计，需要一系列的显示构件精确尺寸、形状、数量、材料及位置等的精确图纸，即施工图。

第二节 植物及配景表现方法

一、园林道路的表现方法

园林道路平面表示的重点在于道路的线型、路宽、形式及路面样式。

根据设计深度的不同，可将园路平面表示法分为两类，即规划设计阶段的园路平面表示法和施工设计阶段的园路平面表示法。

1. 规划设计阶段的园路平面表示法

在规划及草图阶段的园路设计图主要表现的是地形、水体、植物、建筑物、大致铺装及其他设施。因此，此阶段设计图的表示以图形表示为主，基本不涉及数据标注。绘制此阶段园路平面图的基本步骤，如图 4-2-1 所示。

（1）确立道路中线［图 4-2-1（a）］。

（2）确立路宽及道路边线［图 4-2-1（b）］。

（3）确立道路转弯半径或其他衔接方式，并适当表示铺地材料［图 4-2-1（c）］。

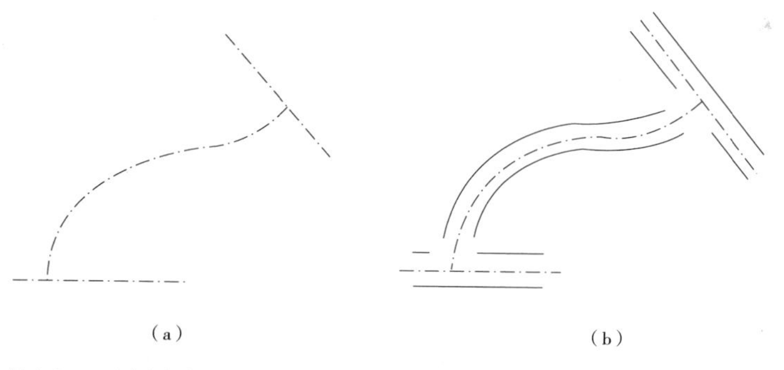

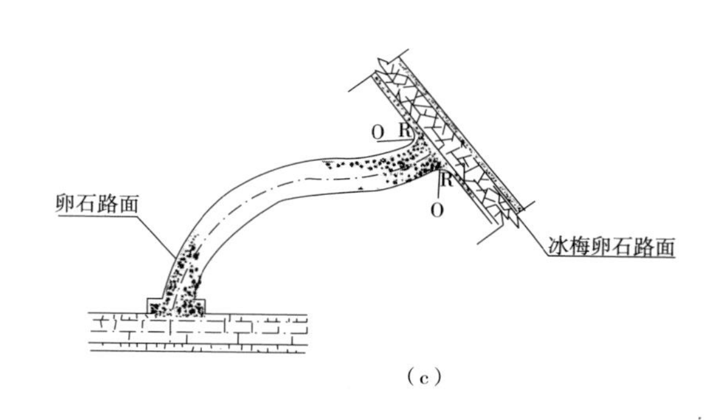

图 4-2-1 园路绘制步骤（引自：谷康编著《园林制图与识图》东南大学出版社）

2. 施工设计阶段的园路平面表示法

在施工图阶段，必须标注尺寸数据。园路施工设计的平面图通常还需要大样图（图 4-2-2），以表示一些细节的设计内容，如路面的纹样设计。

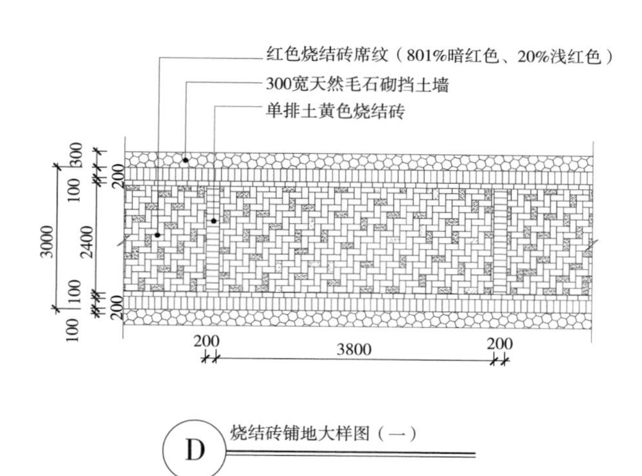

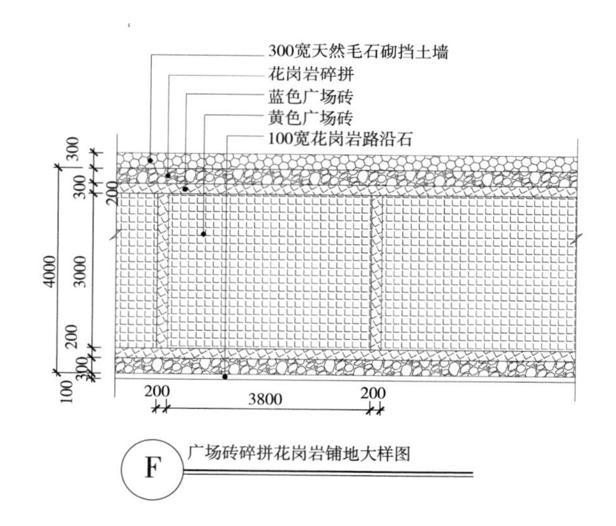

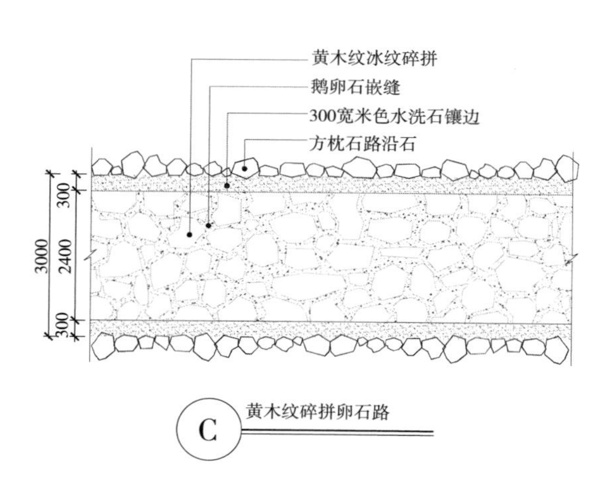

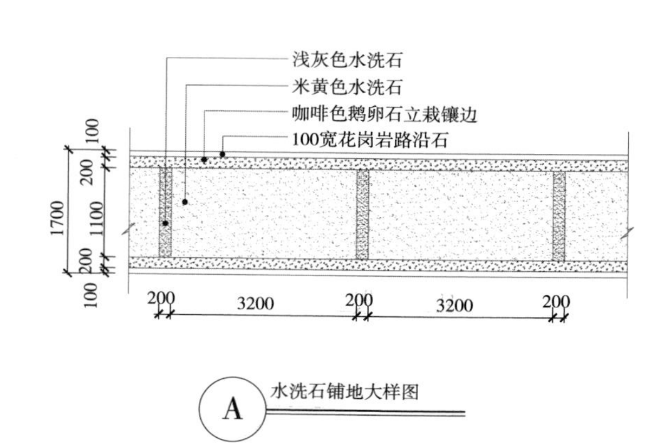

图 4-2-2 园路施工设计平面大样图

在路面纹样设计中，不同的路面材料和铺地式样有不同的表示方法（图 4-2-3）。

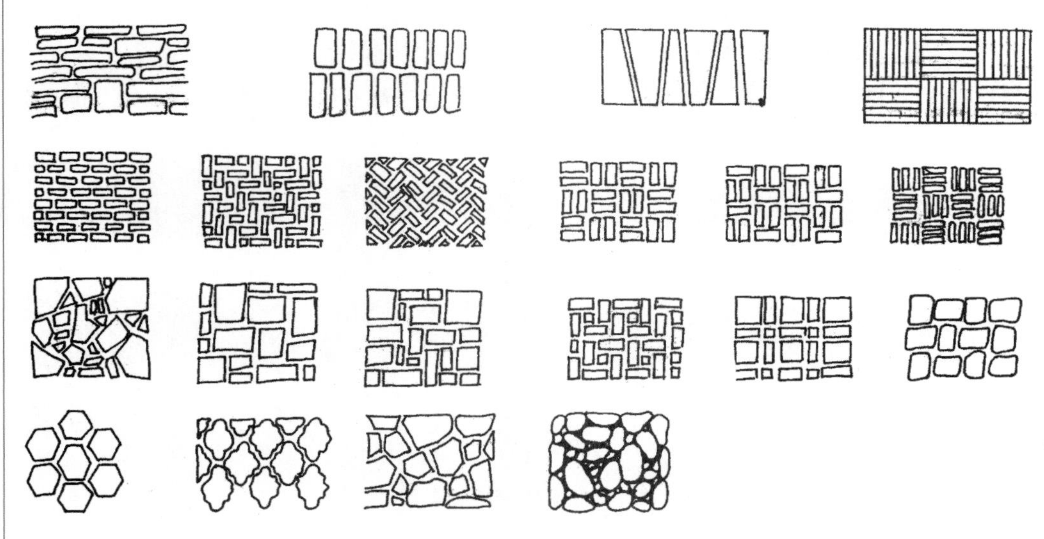

图 4-2-3　园林铺地样式（引自：谷康编著《园林制图与识图》东南大学出版社）

二、植物的表现方法

景观设计制图中，植物是设计中应用最多的，也是最重要的造景要素。园林植物的种类较多。设计中通常根据植物各自的特征，将其分为乔木、灌木、攀援植物、竹类、花卉、绿篱和地被植物等几大类。这些园林植物由于种类不同、形态各异，因此画法也不同。但一般都是根据不同植物特性，抽象其本质，形成"预定俗成"的图例来表现。

1. *植物平面画法*

园林植物的平面图是指植物的水平投影。一般都采用图例概括地表示。其方法为用圆圈表示树冠的形状大小，用黑点表示树干的位置及树干粗细。树冠大小应根据树龄及图纸的比例画出。

不同形状的植物用不同的树冠线型来表示。

（1）针叶树常以带有刺状的树冠来表示，若为常绿的针叶树，则在树冠线内加画平行的斜线。阔叶树的树冠线一般为弧线或波浪线，且多表现为浓密的叶子，或在树冠内假画平行斜线，落叶的阔叶树多用枯叶表现（图 4-2-4）。

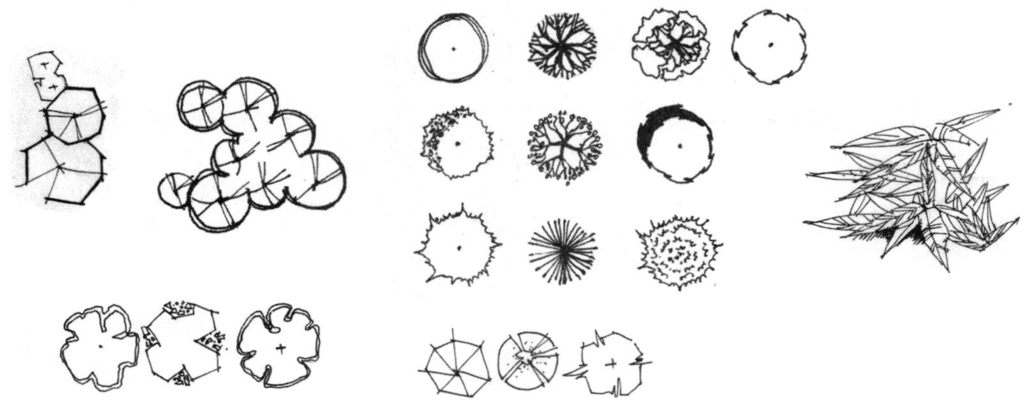

图 4-2-4　针叶树和阔叶树的平面画法

树木的平面画法并没有严格的规范，实际设计工作中根据图面的需要，设计师可以自创许多画法。

（2）当表现几株相连的树木的平面时，应互相避让，使图面形成整体（图 4-2-5）。当表示成群树木的平面时可连成一片，也可只勾勒树林缘线。

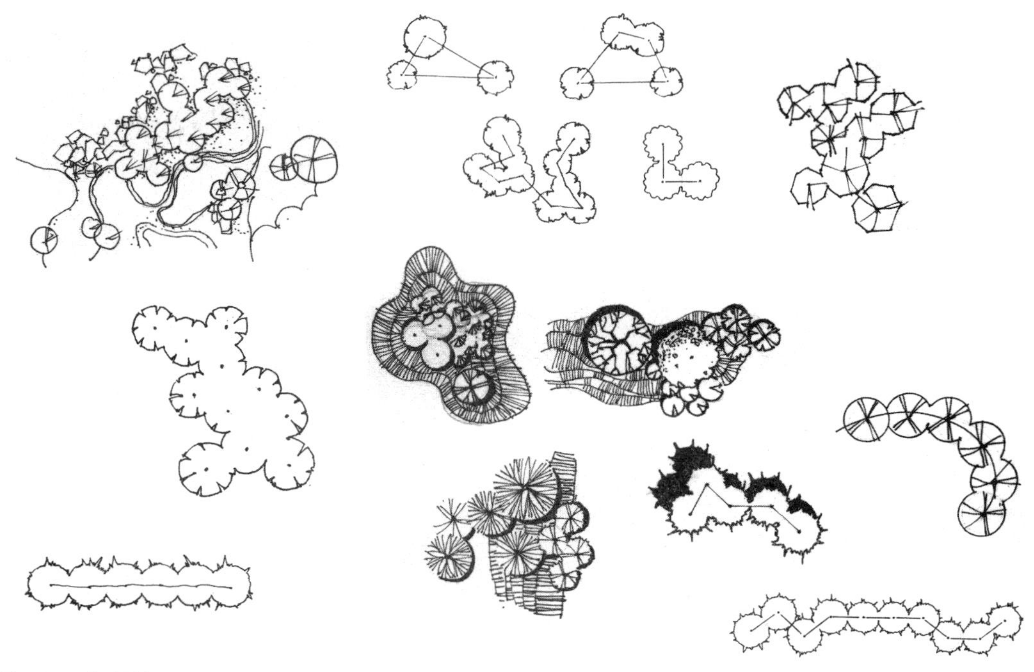

图 4-2-5　相连树木平面画法

2. 灌木和地被植物的表示方法

灌木没有明显的主干，平面形状有曲有直。自然式栽植的灌木丛的平面形状多不规则，修剪的灌木和绿篱的平面形状多为规则的或不规则但平坦的。灌木的平面表示方法与树木类似，修剪的可用轮廓、分枝或叶形表示，表示以栽植范围为准。

地被植物宜采用轮廓勾勒和质感表现的形式。作图时应以地被植物的范围线为依据，用不规则的细线勾勒出地被的范围轮廓。灌木和地被植物表示方式如图 4-2-6 所示。

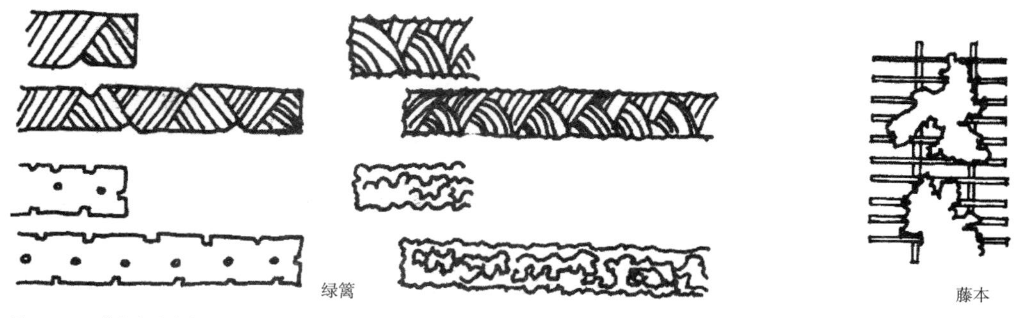

图 4-2-6　灌木和地被植物表示方式

3. 草地和草坪表示方法

草坪和草地的表示方法很多，通常用打点法、小短线法、线段排列法如图 4-2-7 所示。

4. 植物立面表示方法

自然界中的树木千姿百态，有的颀长秀丽，有的伟岸挺拔，各具特色。各种树木的枝、干、冠构成以及分枝习性决定了各自的形态和特征。因此学画树时，首先应学会观察各种树木的形态、特征及各部分的关系，了解树木的外轮廓形状，整株树木的高度比和干

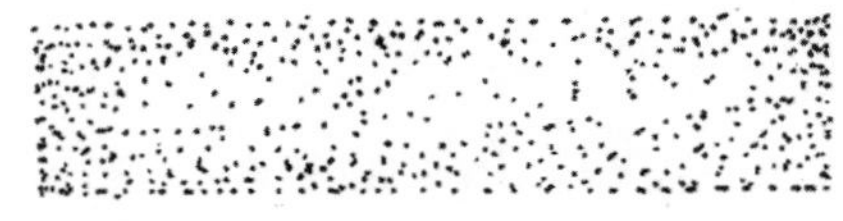

打点法　　小短线法　　线段排列法

图 4-2-7　草坪的表示法

冠比，树冠的形状、疏密和质感，掌握冬态落叶树的枝干结构，这对树木的绘制是很有帮助的。初学者学画树可从临摹各种形态的树木图例开始，在临摹过程中要做到手到、眼到、心到，学习和揣摩别人在树形概括、质感表现和光线处理等方面的方法和技巧，并将已学得的手法应用到临摹树木图片、照片或写生中去，通过反复实践来学习领会并进行合理的取舍、概括和处理。

自然界树木千姿百态，由于树种的不同，其树形、树干纹理、枝叶形状也表现出不同的特征。为了在以后的工作中更准确地表达设计意图，初学者需对树木的不同形态特征作深入的了解，以下是树的不同画法（图 4-2-8 和图 4-2-9）。

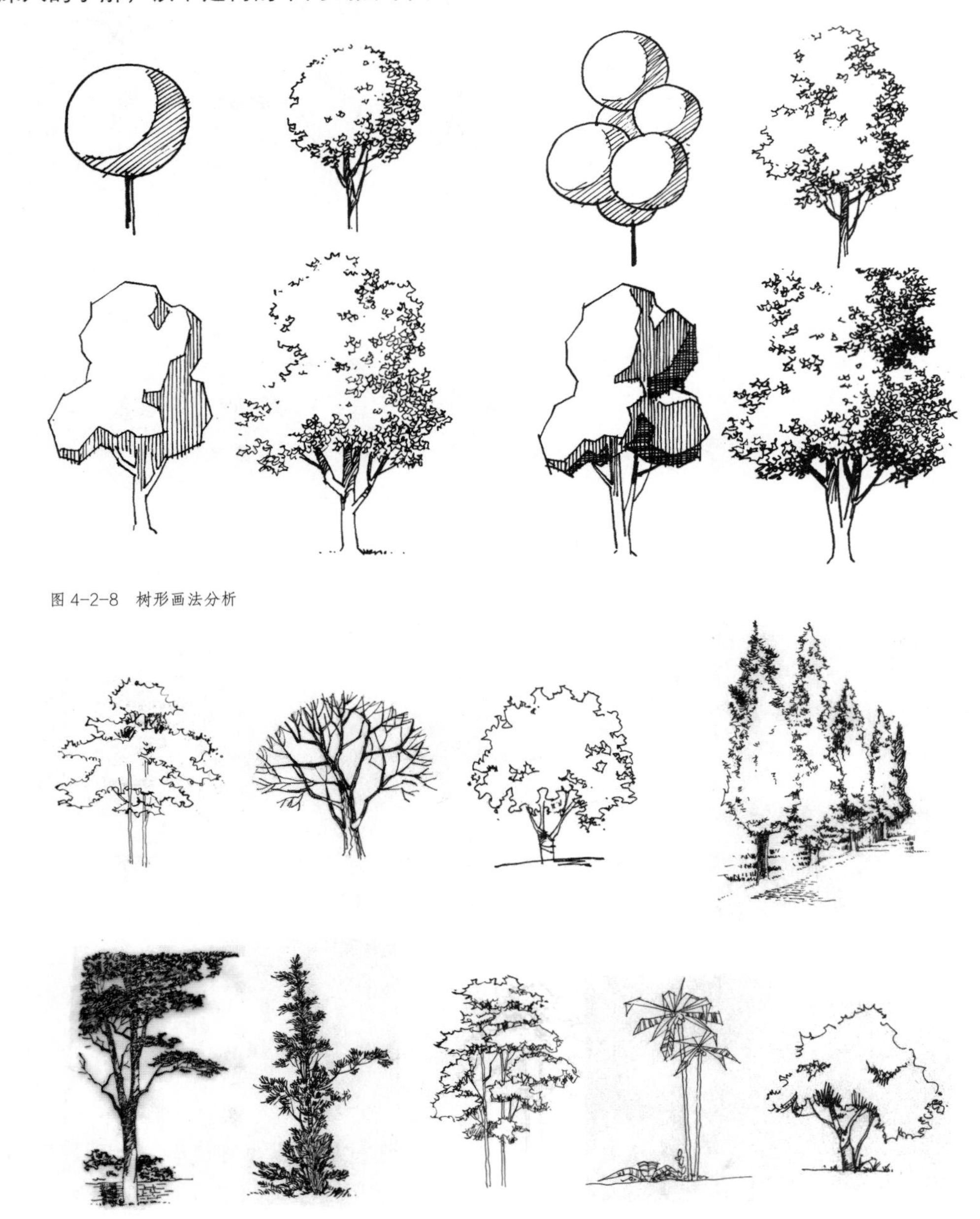

图 4-2-8　树形画法分析

图 4-2-9　树形的表现

三、水体表示方法

在设计图中，经常会涉及水面的绘制，水面的表示可采用线条法。

用工具或徒手排列的平行线条表示水面的方法称为线条法。作图时，既可以将整个水面全部用线条均匀地布满，也可以局部留白，或者只局部画些线条。线条可采用波浪线、直线或曲线。组织良好的曲线还能表现出水面的波动感，如图 4-2-10 和图 4-2-11 所示。

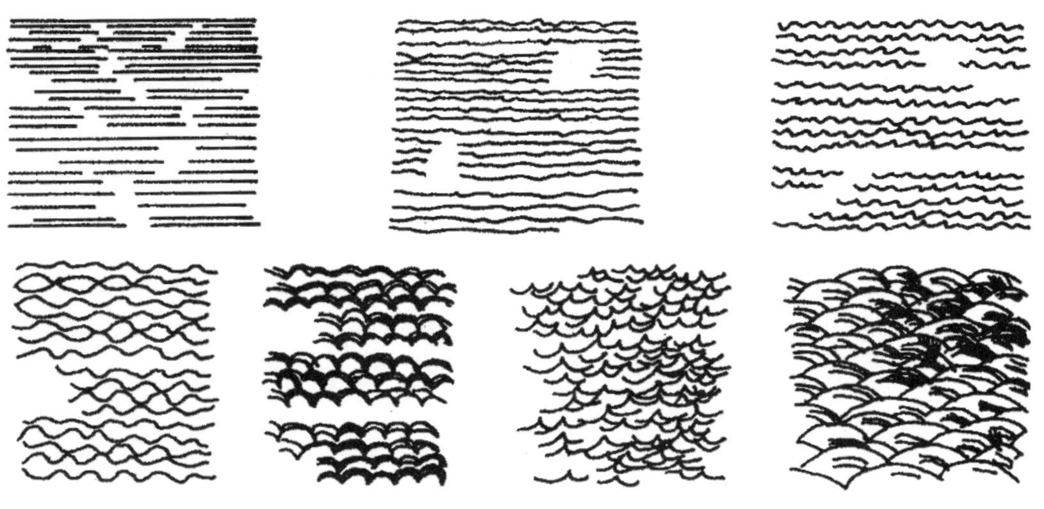

图 4-2-10 水面的表现

图 4-2-11 水面与配景结合的表现

第三节 景观施工图

景观施工图是在掌握景观设计原理、有关工程技术及制图基本知识的基础上所绘制的专业图纸，它可表达景观设计人员的思想和要求，是生产施工与管理的技术文件。

景观施工图是景观方案得以实现的关键，它向施工方传达设计师的意图、施工工艺要求、工程材料、技术指标等内容。施工方则以施工图为依据进行工程量核算与施工预算编制，安排材料、设备、订货及非标准材料的加工，按图施工并根据图纸组织工程验收。

景观施工图的内容较多，本章只介绍较常用的几种设计图的绘制与识图，如景观设计总平定位图、索引图、高程图、植物种植设计图、详图等。有时为了表现设计效果，还需绘制立面图、断面图等。

施工图为蓝图，是先将图纸绘制在硫酸纸上，再经晒图机翻晒到晒图纸上并加盖出图章制成。由于图纸晒制完成后呈现蓝色，故称“蓝图”。

施工图设计在图纸绘制与表达上不同于方案设计。方案设计具有很大的自由度，设计师可根据个人喜好选用不同的表达方式并形成较为独特的表现风格，施工图设计则需要更加规范，主要包括图幅、图纸比例、图框、图例、文字、标注样式、图线选择等基本制图规范内容，以保证施工人员能够读懂图纸、按图施工。

一、景观施工图设计内容与要点

一套完整的景观施工图（蓝图）是景观专业和水、暖、电、照明等互相配合的结果。其内容包括：封面、目录、总说明、总图部分（大项目还包括分区详图部分）、土建详图部分、结构设计部分、给排水设计部分、园林电气设计部分等。各部分分别指导不同阶段及工种的施工。

1. 封面

封面通常包括以下内容：项目名称、图纸类别（施工图、扩初图、方案图等，如包含多个分册，需注明所属分册名称）、设计单位名称、完成时间、工程项目编号等。

2. 目录

目录通常以表格的形式出现，开始部分需列出项目名称及设计单位，下面按顺序编排图纸，包含序号、图纸编号、图纸名称、图号、图幅、基本内容、张数等。

图纸编号以专业为单位，各专业各自编排图号；对于大、中型项目，应按照以下专业进行图纸编号：园林、建筑、结构、给排水、电气、材料附图等；对于小型项目，可以按照以下专业进行图纸编号：园林、建筑及结构、给排水、电气等。

每一专业图纸应该对图号统一标示，以方便查找，如总图可以缩写为“园总施（YZS）”、景观施工图详图可以缩写为“详施（XS）”、结构施工图可以缩写为“结施（JS）”、给排水施工图可以缩写为“水施（SS）”、种植施工图可以缩写为“绿施（LS）”。

除上述内容以外，目录还设有图纸变更栏以及标准图集引用栏两个板块。

3. 总说明

总说明是针对整个工程需要明确的问题进行说明和解释，如设计依据、施工工艺、材料数量、规格及其他要求、参照规范等。通常包括项目概况、设计依据、图册划分及各专项设计要点。此外，各专业图纸还要有专项说明，如土建及结构说明、给排水设计说明、电气设计说明、绿化种植设计说明等。

（1）项目概况：说明景观项目的建设单位、具体位置、项目情况、经济技术指标、工程性质、设计范围、包含内容等问题。

（2）设计依据：注明采用的标准图集及依据的规范等。

（3）土建及结构说明：包括设计所遵循的规范、本项目特点、施工注意事项等，还可以在此部分将施工中一些通用做法加以明确，如对混凝土标号、防水材料选择、钢筋搭接长度、焊缝高度等内容的规定。

（4）给排水设计说明：明确设计依据、水源位置及性质、工程所用管材品种、连接方式、埋深数值、参照的施工规范、所引用的图集、管线找坡坡度及方向、管线施工特殊工艺及注意事项等内容。

（5）电气设计说明：包括电气设计依据、参照的施工规范、所引用的图集、供电原则及注意事项、接地方式、电缆型号、电缆埋深、施工注意事项等问题。

（6）绿化种植设计说明：列出绿化专业施工参照的技术依据，提出苗木选择的基本要求，如乔灌木冠幅和株型、苗木长势、病虫害情况、修剪方式等。明确整地的要求，如翻土过筛深度、底肥施用情况、种植穴挖掘要求等。必要的时候还应详细规定从起苗、运苗、种植到养护等各个环节的方法及特殊工程技术措施，以保证植物的成活率，顺利恢复生长，实现设计效果。

4. 总图部分

总图部分需交代清楚设计的总体效果。在总图阶段，要对整个场地进行全局设计和控制。主要包括总平面、索引、竖向、放线、铺装、种植等设计内容。总图阶段之前务必要对底图进行细致整理、深化，消除图纸中技术性、逻辑性的错误并对图面进行美化，做到曲线过渡平滑自然，线形和颜色正确（与 CAD 设计出图有关），否则在总图设计过程中可能导致大量的返工修改，浪费精力，甚至会在局部详图阶段发现设计无法实现，那么前面的工作要全部重来。

总图绘制的技术依据是《总图制图标准》（GB/T 50103—2010）。《总图制图标准》规定了总图设计应遵循的一些原则。图纸应按上北下南方向绘制，根据场地形状或布局，可向左或向右偏转，但不宜超过 45°，图纸内应绘制指北针。施工总平面图一般用 1 ∶ 500、1 ∶ 1000、1 ∶ 2000 的比例绘制，但标准内还规定有一些可用比例，可根据实际情况选用。

《总图制图标准》中列出了建筑物、构筑物、道路、铁路以及植物等的图例，具体内容参见相应的制图标准。如果由于某些原因必须另行设定图例时，应该在总图上绘制专门的图例表进行说明。

二、景观设计总平面图

（一）图示方法和用途

总平面图是新建建筑在基地范围内的总体布置图。将拟建工程四周一定范围内的新建、拟建、原有和拆除的建筑物、构筑物连同其周围的地形地物状况（如地形、山石、水体、建筑及植物等），用水平投影方法和相应的图例所画出的图样，即为总平面图（或称总平面布置图）。它能反映出上述建筑和园景总体设计的平面形状、位置、朝向、标高、占地面积和与周围环境的邻界关系情况等内容。

（二）总平面图的表达内容

1. 建筑要素表示

（1）表明建筑的总体布局。如拨地范围、各建筑物及构筑物的位置、道路、管线的布置等。

（2）确定建筑物的平面位置。一般根据原有房屋或道路定位，用定位坐标确定房屋及道路的转折位置。

（3）相邻有关建筑、拆除建筑的位置或范围。

（4）附近的地形、地物和建筑周边的绿化布置。如等高线、道路、水沟、河流、池塘、土坡等。

（5）道路和明沟等的起点、变坡点、转折点、终点的标高与坡向箭头。

（6）指北针表示建筑的朝向。风向玫瑰图表示常年风向频率和风速。

（7）建筑物使用编号时，应列出名称编号表。

（8）管线布置。

2. 景观要素表示

（1）地形表示。地形的高低变化及其分布情况通常用等高线表示。设计地形等高线用细实线绘制，原地形等高线用细虚线绘制，设计平面图中等高线可以不注高程。

（2）景观建筑。在大比例图纸中，对有门窗的建筑，可采用通过窗台以上部位的水平剖面图来表示，对没有门窗的建筑，采用通过支撑柱部位的水平剖面图来表示。用粗实线画出断面轮廓，用中实线画出其他可见轮廓。此外，也可采用屋顶平面图来表示（仅适用于坡屋顶和曲面屋顶），用粗实线画出外轮廓，用细实线画出屋面，对花坛、花架等建筑小品用细实线画出投影轮廓。

在小比例图纸中（1 ∶ 1000 以上），只需用粗实线画出水平投影外轮廓线。建筑小品可不画。

（3）水体表示。水体一般用两条线表示，外面的一条表示水体边界线（即驳岸线），用特粗实线绘制；里面的一条表示水面，用细实线绘制。

（4）山石表示。山石均采用其水平投影轮廓线概括表示，以中粗实线绘出边缘轮廓，以细实线概括绘出皴纹。

（5）园路表示。园路用细实线画出路缘，对铺装路面也可按设计图案简略示出。

（6）植物表示。园林植物由于种类繁多、姿态各异，平面图中无法详尽地表达，一般采用“图例”作概括的表示，所绘图例应区分出针叶树、阔叶树、常绿树、落叶树、乔木、灌木、绿篱、花卉、草坪、水生植物等，对常绿植物在图例中应画出间距相等的细斜线表示。但实际绘图中，有时为了更清晰简便地表示植物，只把它分为三类即三层：地被植物、灌木、乔木。

绘制植物平面图图例时，要注意曲线过渡自然，图形应形象、概括。树冠的投影要按成龄以后的树冠大小画，参考表 4-3-1 所列冠径。

表 4-3-1 树冠直径 单位：m

树种	孤立树	高大乔木	中小乔木	常绿大乔木	锥形幼树	花灌木	绿篱
冠径	10 ~ 15	5 ~ 10	3 ~ 7	4 ~ 8	2 ~ 3	1 ~ 3	宽 1 ~ 1.5

总平面图所表示的区域一般都较大，因此，在实际工程中常采用较小的比例绘制，如 1 ∶ 500、1 ∶ 1000、1 ∶ 2000 等。总平面图上所标注的尺寸一律以米（m）为单位。某些地物因尺寸较小，若按其投影绘制则有一定难度，故在总平面图中需用“国标”规定的图例表示，总平面图中常用图例见表 4-3-2。

表 4-3-2 总平面图中常用图例

名称	图例	说明
新建的建筑物		（1）上图为不画入口图例，下图为画出入口图例。 （2）需要时，可在图形内右上角以小数点或数字表示层数。 （3）用粗实线表示
原有的建筑物		（1）在设计图中拟利用者，均应编号说明。 （2）用细实线表示
计划扩建的预留地或建筑物		用中虚线表示
拆除的建筑物		用细实线表示
新建的地下建筑物		用粗虚线表示
敞棚或敞廊		
围墙及大门		（1）上图为砖石、混凝土或金属材料的围墙。 （2）下图为镀锌铁丝网、篱笆等围墙。 （3）如仅表示围墙时不画大门
坐标	X105.00 Y425.00 A131.51 B278.25	上图表示测量坐标； 下图表示施工坐标
添挖边坡		边坡较长时，可在一端或两端局部表示
护坡		
新建的道路	6 101.00 R9 15.00	“R9”表示道路转弯半径为 9m，“150.00”为路面中心标高，“6”表示 6% 为纵向坡度，“101.00”表示变坡点间距离。 图中斜线为道路断面示意
计划扩建的道路		

（三）标注定位尺寸或坐标网

标出测量坐标网（坐标代号宜用“*X*、*Y*”表示）或施工坐标网（坐标代号宜用“*A*、*B*”表示），如图 4-3-1 所示。

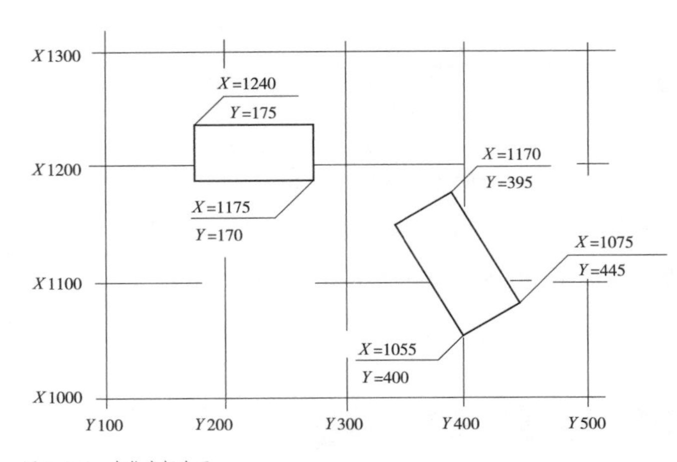

图 4-3-1 定位坐标表示

在大范围和复杂地形的总平面图中，为了确保施工放线正确，往往用作标表示建筑物、道路或管线的位置。在地形图上以南北方向为 X 轴，东西方向为 Y 轴，以 100m × 100m 或 50m × 50m 画成的细网格线称为测量坐标网。在此坐标网中，房屋的平面位置可由房屋三个墙角的坐标来定位。当房屋的两上主向平行于坐标轴时，标注出两个相对墙角的坐标就够了。新建房屋的位置可由定位尺寸或坐标确定。定位尺寸应标明与其相邻的原有建筑物或道路中心线的距离。

（四）绘制比例、风玫瑰图或指北针

为便于阅读，景观设计平面图中宜采用线段比例尺。

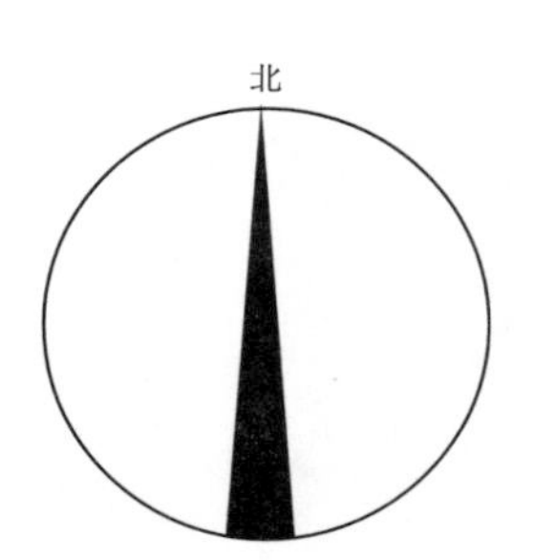

图 4-3-2 指北针

为了表示此图的南北关系及方向，常用玫瑰风向标和指北针来表示。指北针的细实线圆直径一般以 24mm 为宜，指北针下端宽度为直径的 1/8 或为 3mm，在指北针的尖端部应注写“北”字，如图 4-3-2 所示。玫瑰风向标（图 4-3-3）是根据当地多年统计的各个方向、吹风次数的平均百分数值，再按一定比例绘制而成的，图例中粗实线表示全年风频情况，虚线表示夏季风频情况，最长线段为当地主导风向。

（五）等高线和绝对标高

总平面图中通常画有多条等高线，以表示该区域的地势高低。它是计算挖方或填方以及确定雨水排放方向的依据。同时，为了表示每个建筑物与地形之间的高度关系，常在房屋平面图形内标注首层地面标高。此外，构筑物、道路中心的交叉口等处也需标注标高，以表明该处的高程。

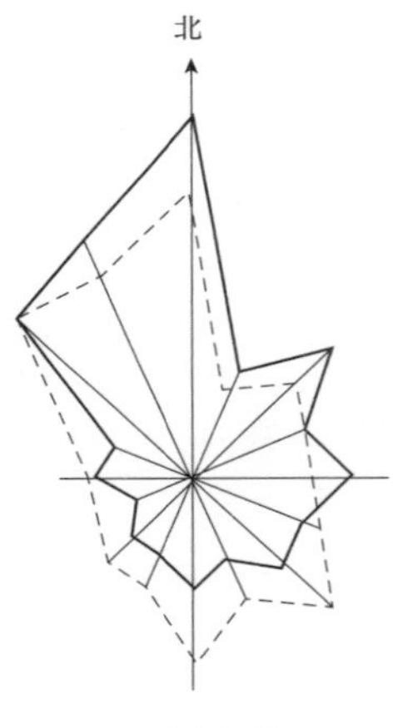

图 4-3-3 玫瑰方向标

（六）总平面设计深度

以下是总平面施工图设计所考虑的各个因素。

（1）城市坐标网、场地建筑坐标网、坐标值。

（2）场地四界的城市坐标和场地建筑坐标（或注尺寸）。

（3）建筑物、构筑物（人防工程、化粪池等隐蔽工程以虚线表示）定位的场地建筑坐标（或相互关系尺寸）、名称（或编号）、室内标高及层数。

（4）拆除旧建筑的范围边界、相邻单位的有关建筑物、构筑物的使用性质、耐火等级及层数。

（5）道路、铁路和明沟等控制点（起点、转折点、终点等）的场地建筑坐标（或相互关系尺寸）和标高、坡向箭头、平曲线要素等。

（6）指北针、玫瑰风向标。

（7）建筑物、构筑物使用编号时，列“建筑物、构筑物名称编号表”。

（8）说明栏内包括尺寸单位、比例、城市坐标系统和高程系统的名称、城市坐标网与场地建筑坐标网的相互关系、补充图例、施工图的设计依据等。

（七）图示实例

图 4-3-4 是某住宅小区景观设计总平面索引图。索引所注明的是所设计景观位置的名称及详图图号。

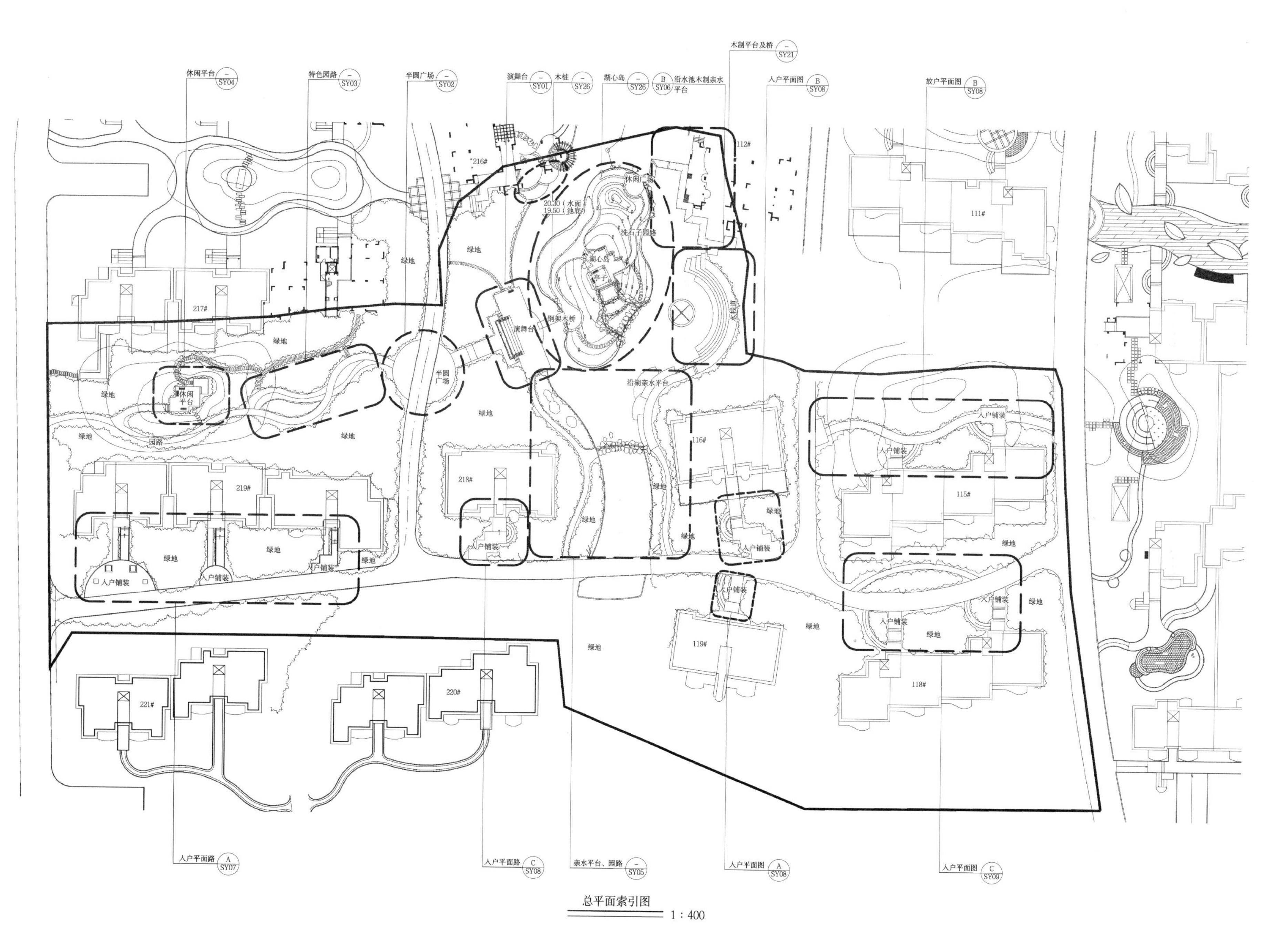
休闲平台 - SY04
特色园路 - SY03
半圆广场 - SY02
演舞台 - SY01
木桩 - SY26
湖心岛 - SY26
沿水池木制亲水平台 B SY06
木制平台及桥 - SY21
入户平面图 B SY08
放户平面图 B SY08
入户平面路 A SY07
入户平面路 C SY08
亲水平台、园路 - SY05
入户平面图 A SY08
入户平面图 C SY09
20.30（水面）
19.50（池底）
洗石子园路
湖心岛
钢架木桥
演舞台
半圆广场
休闲平台
沿湖亲水平台
园路
绿地
入户铺装
111#
112#
115#
116#
118#
119#
216#
217#
218#
219#
220#
221#
总平面索引图
1∶400

图 4-3-4 总平面索引图

三、竖向设计图

（一）绘制要求

竖向设计图（也可称为高程图）是根据设计平面图及原地形图绘制的地形详图，它表达的是设计师对场地全局的高程设计意图，控制全局的竖向起伏变化，满足交通、排水等问题的要求。

竖向设计图中，首先要控制住最高点或者某些特殊点的坐标及该点的标高。如：道路的起点、变坡点、转折点和终点等的设计标高（道路路面中、阴沟的沟顶和沟底）、横纵坡度、横纵坡向、纵坡距、排水方向、平曲线要素、竖曲线半径、关键点坐标；建筑物、构筑物室内外设计标高；挡土墙、护坡或土坡等构筑物的坡顶和坡脚的设计标高；水体驳岸、岸顶、岸底标高，池底标高，水面最低、最高及常水位。在标注时，铺装完成面、种植土、水面、池底、台阶、道牙等几部分最好分别标注不同前缀，以示区分，便于理解图纸。

在绘制重点地区、坡度变化复杂的地段时，还应绘制地形断面图，并标注标高、比例尺等。若工程比较简单，则竖向设计施工平面图可与施工放线图合并。

竖向设计图单位一般为 m。高程可采用绝对标高与相对标高两种表达方式。

1. 绘制等高线

等高线是地形最基本的图示表示方法，也有其他高度表示方法，如：坡级法、分布法。通常等高线是最普遍、最简单的表示方法，在这里我们只介绍等高线法。

等高线法是以某个参照水平为依据，用一系列等距离假想的水平面切割地形后所获得的交线的水平正投影（标高投影）图表示方法。图 4-3-5 中相邻等高线切面之间的垂直距离 h 称为等高高距，水平投影图中相邻等高线之间的垂直距离称为等高线平距，平距与所选位置有关，是个变值。

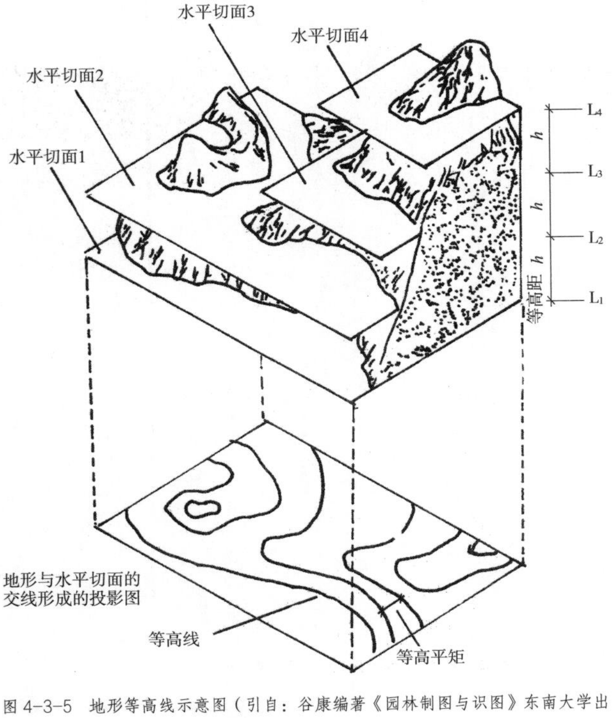

地形等高线图上只有标注比例尺和等高距后才能解释地形。一般的地形图中只有两种等高线，一种是基本等高线，称为首曲线，常用细实线表示；另一种是每隔 4 根首曲线加粗一根并注明数字（即高度），称为计曲线（图 4-3-6）。有时为了避免混淆，原地形等高线用虚线，设计等高线用实线。

根据地形设计，选定等高距，用细实线绘出设计地形等高线，用细虚线绘出原地形等高线。等高线上应标注高程，高程数字处等高线应断开，高程数字

图 4-3-5　地形等高线示意图（引自：谷康编著《园林制图与识图》东南大学出版社）

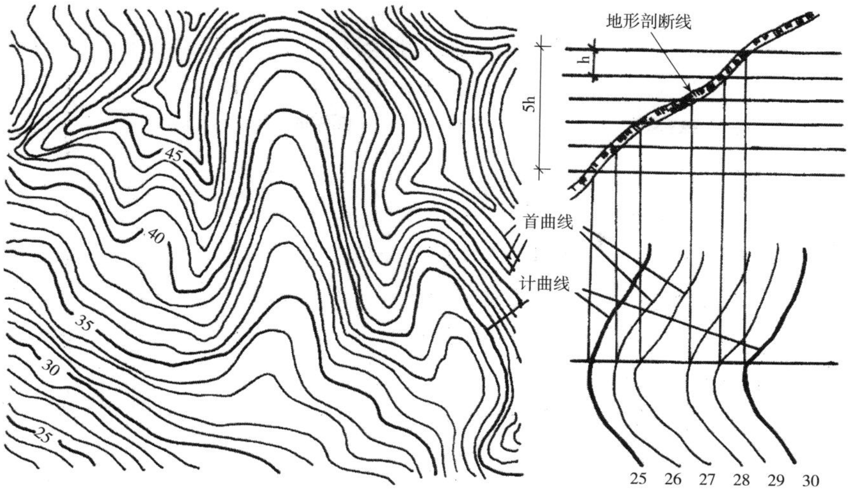

图 4-3-6 首曲线和计曲线（引自：谷康编著《园林制图与识图》东南大学出版社）

的字头应朝向山头，数字要排列整齐。周围平整地面高程为 ±0.00，高于地面为正，数字前“+”号省略；低于地面为负，数字前应注写“-”号。高程单位为 m，要求保留两位小数。

对于水体，用特粗实线表示水体边界线（即驳岸线）。当湖底为缓坡时，用细实线绘出湖底等高线，同时均需标注高程，并在标注高程数字处将等高线断开。

2. 标注建筑、山石、道路高程

建筑应标注室内地坪标高，以箭头指向所在位置。山石用标高符号标注最高部位的标高。道路标高一般标注在交汇、转向、变坡处，标注位置以圆点表示，圆点上方标注高程数字，如图 4-3-7 所示。

3. 标注排水方向

根据坡度，用单箭头标注雨水排出方向。

4. 绘制方格网

为了便于施工放线，地形设计图中应设置方格网。设置时尽可能使方格某一边落在某一固定建筑设施边线上（目的是便于将方格网测设到施工现场），每一网格边长可为 5m、10m、20m 等，按需而定，其比例与图中一致。方格网应按顺序编号，横向从左向右，用阿拉伯数字编号；纵向自下而上，用拉丁字母编号，并按测量基准点的坐标，标注出纵横第一网格坐标，如图 4-3-7 所示。

5. 局部断面图

必要时，可绘制出某一剖面的断面图，以便直观地表达该剖面上竖向变化情况，在后面景观剖面图中详细介绍。

（二）竖向图设计深度

以下是竖向施工图设计所考虑的因素。

（1）地形等高线。

（2）场地建筑坐标网、坐标值。

（3）场地外围的道路、铁路、河渠或地面的关键性标高。

（4）建筑物、构筑物的名称（或编号）、室内外设计标高（包括铁路专用线设计标高）。

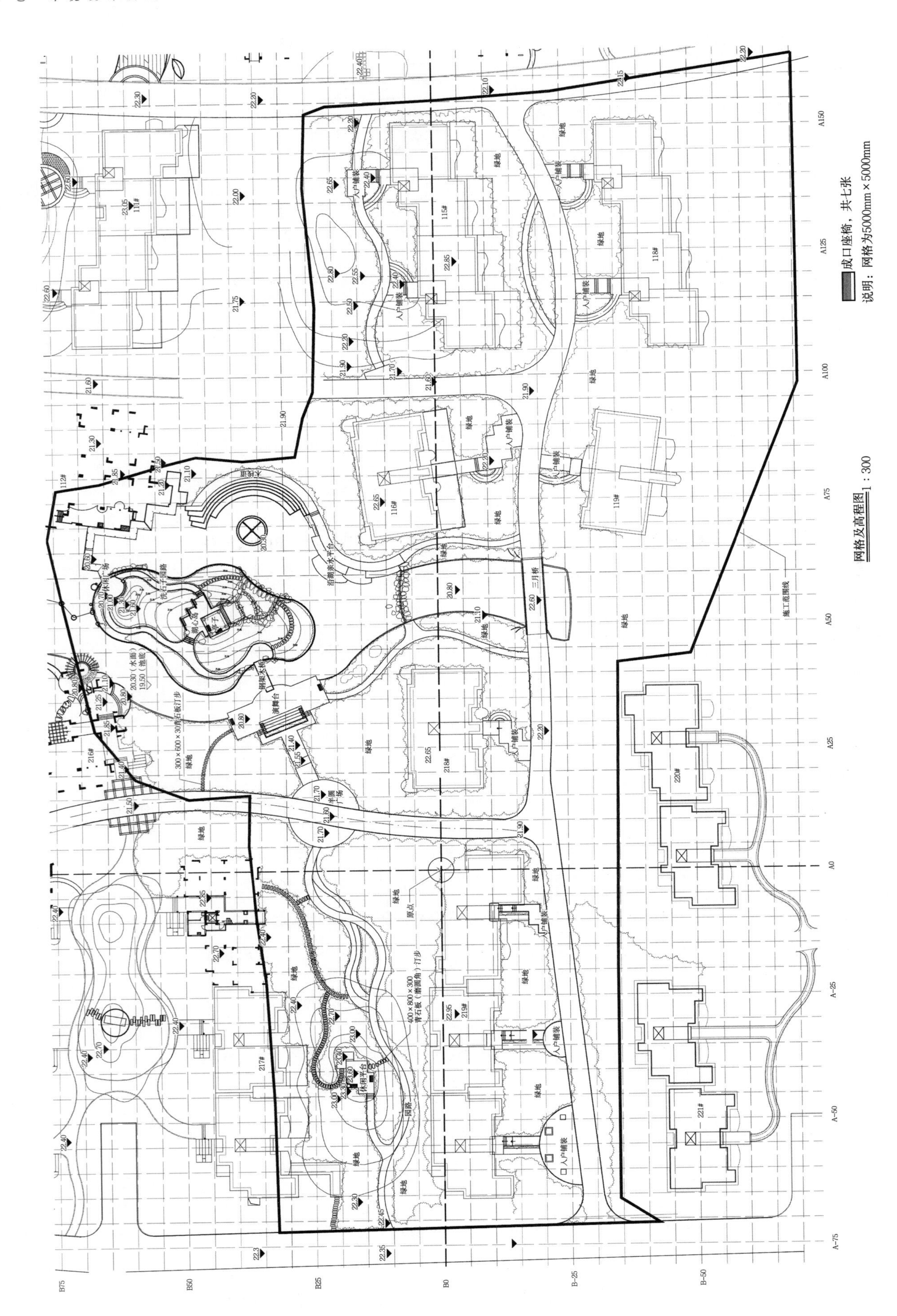

图 4-3-7 总平面网格及高程图

（5）道路、铁路和明沟的起点、变坡点、转折点和终点等的设计标高（道路的路面中、铁路的轨顶、阴沟的沟顶和沟底）、纵坡度、纵坡距、纵坡向、平曲线要素、竖曲线半径、关键性坐标、道路注明单面坡或双面坡。

（6）挡土墙、护坡或土坡等构筑物的坡顶和坡脚的设计标高。

（7）用高距 0.10 ~ 0.50m 的设计等高线表示设计地面起伏状况，或用坡向箭头表明设计地面坡向。

（8）指北针。

（9）说明栏内有尺寸单位、比例、高程系统的名称、补充图例等。

（10）如工程简单时，本图与总平面布置图可合并绘制。如路网复杂时，可按上述有关技术条件等内容，单独绘制道路平面图。

（三）图示实例

图示实例如图 4-3-7 所示。

四、景观植物种植图

植被是景观设计中必不可少的要素之一。

园林植物种植设计图是表示植物位置、种类、数量、规格及种植类型的平面图，是组织种植施工和养护管理、编制预算的重要依据。由于植物有层次之分，为了清楚表达，一般将种植设计平面图拆分为乔木、灌木、地被植物三套图纸分别表达，也有将灌木和地被合并在一张图纸上的表达方法。

（一）绘制要求

1. 自然式种植设计图

自然式种植的设计图，宜将各种植物按平面图中的图例绘制在所设计的种植位置上，并以圆点示出树干位置。为了便于区别树种、计算株数，应将不同树种统一编号或注明名称，标注在树冠图例内或用细实线引出注明，如图 4-3-8 和图 4-3-9 所示。

规则式种植的设计图，对单标或从植的植物宜以圆点表示种植位置，对蔓生和成片种植的植物，用细实线绘出种植范围，草坪用小圆点表示，小圆点应绘得有疏有密，凡在道路、建筑物、山石、水体等边缘处应密，然后逐渐稀疏。对同一树种用一种图例表示。

2. 编制苗木统计表

在图中适当位置，列表说明所设计的植物编号、树种名称、拉丁文名称、单位、数量、规格、出圃年龄等，如表 4-3-3 和表 4-3-4 所示。

3. 标注定位尺寸

自然式植物种植设计图，宜用与设计平面图、地形图同样大小的坐标网确定种植位置，规则式植物种植设计图，宜相对某一原有地上物，用标注株行距的方法，确定种植位置。

（二）种植图设计深度

以下是种植图设计所考虑的各因素。

（1）绘出总干面布置图。

（2）场地四界的场地建筑坐标（或注尺寸）。

表 4-3-3

乔木统计表

序号	图例	拉丁名称	植物名称	规格/cm				单位	数量	备注
				地径	胸径	篷径	高度			
1		Osmanthus fragrans（Thunb.）Lour.	桂花			300	350 ~ 400	株	15	甲方提供
2		Osmanthus fragrans（Thunb.）Lour.	桂花			550	550	株	3	树形饱满健康　不偏冠
3		Osmanthus fragrans（Thunb.）Lour.	桂花			300	350 ~ 400	株	6	树形饱满健康　不偏冠
4		Osmanthus fragrans（Thunb.）Lour.	桂花			150	150	株	15	树形饱满健康　不偏冠
5		Liquidambar formosana Hance.	枫香		15			株	1	带全冠枝移栽　分支点在 2.5m 左右　科学修疏枝
6		Llex chinensis Sims（I.purpurea Hassk.）	红果冬青		12			株	1	树干修直挺拔　枝繁叶茂　疏枝留冠
7		Cinnamomum camphora（Linn）Presl.	香樟		25			株	7	分枝点统一在 2.8m 左右　二年生移植苗　带冠移栽
8		Podocarpus macrophyllus（Thumb）D.Don.	罗汉松			100 ~ 150	150 ~ 200	株	10	树形自然　地面主枝分枝多
9		Eriobotya japonica（Thunb.）Lindl.	枇杷		10	150 ~ 200	150 ~ 200	株	17	带冠枝移栽　分枝点在 2.5m　进行科学保活修枝
10		Elaeoca rpussylvestris（Lour.）Poir.	杜英		8 ~ 10	350	350	株	27	带主枝移栽　分枝点在 2.5m　进行科学保活修枝
11		Albizzia julibrissin Durazz.	合欢		18 ~ 20		700	株	3	带主枝移栽　分枝点在 2.5m　进行科学保活修枝
12		Albizzia julibrissin Durazz.	合欢		10 ~ 12		500	株	26	树形饱满健康　不偏冠
13		Ormosia pinnota Nerr.	柿子树		20		600	株	2	树形饱满健康　不偏冠
14		Ormosia pinnata Nerr.	柿子树		15		500	株	7	树形饱满健康　不偏冠
15		Photinia serrulata Lindl.	石楠			200	250	株	40	树形完整　植株健壮
16		Prunus lannesiana' Grandiflara'	大花晚樱		6		250	株	16	带冠枝移栽　分枝点在 2.5m　进行科学保活修枝
17		Magnolia denudata Desr.	白玉兰		10 ~ 12			株	26	树形修直挺拔　植株生长健壮
18		Ginkgo biloba Linn.	银杏		12		500	株	14	树形修直挺拔　植株生长健壮
19		Ginkgo biloba Linn.	银杏		8 ~ 10		600	株	8	树形修直挺拔　植株生长健壮

续表

序号	图例	拉丁名称	植物名称	规格 /cm				单位	数量	备注
				地径	胸径	篷径	高度			
20		Magnolia grandiflora L.	广玉兰		14 ~ 15			株	6	树形饱满统一 在保留树形的前提下进行科学的疏枝
21		Magnolia grandiflora L.	广玉兰		10 ~ 12			株	18	树形饱满统一 在保留树形的前提下进行科学的疏枝
22		Koelreuteria paniculata Laxm.	栾树		12 ~ 14			株	17	树形饱满统一 在保留树形的前提下进行科学的疏枝
23		Cryptomeria fortunei Hooibrenk ex Otto et Dietr.	垂柳		12 ~ 14			株	8	树形饱满统一 在保留树形的前提下进行科学的疏枝
24		Cryptomeria fortunei Hooibrenk ex Otto et Dietr.	垂柳		10 ~ 12			株	13	树形饱满统一 在保留树形的前提下进行科学的疏枝

表 4-3-4 灌木统计表

序号	图例	拉丁名称	植物名称	规格 /cm				单位	数量	备注
				地径	胸径	篷径	高度			
1		Prunus cerasiferaEhrh.var.atropurpurea Jacq.	红叶李	7 ~ 8			250	株	3	成自然生长状态
2		Prunus cerasiferaEhrh.var.atropurpurea Jacq.	红叶李	5 ~ 5		150	180	株	80	成自然生长状态
3		Acer polmotum Thunb.	红枫	4		120	220	株	36	成自然生长状态
		Acer polmatum Thunb.	红枫	6 ~ 7		150 ~ 200	250	株	3	成自然生长状态
4		Lagerstroemiaindica Linn.	紫薇	7 ~ 8			250	株	78	成自然生长状态或锯杆
5		Chimonanthuspraecox（L.）Link.	腊梅			100	150	株	20	丛生 植株健康 生长旺盛
6		Trochycorpus fortunei（Hook.f）H.Wendl.	棕榈				400 ~ 450	株	22	干高 植株生长旺盛
7		Trochycorpus fortunei（Hook.f）H.Wendl.	棕榈				150	株	7	干高 植株生长旺盛
8		Hibiscusmutobilis L.	木芙蓉			180	170	株	10	成球形生长植株 保持一定的株形
9		Pyracantha for tuneono（Moxim.）Li.	火棘球			120	120	株	35	修建后规格
10		Sophorajaponica' Pendula'	龙爪槐		5		200	株	3	干高 垂枝多而不偏冠
11		Buxussinico（Rehd.）Cheng.	大叶黄杨			120	120	株	47	修建后规格
12		Loropetalumchinenseverrubrum Yien	红继木球			120	120	株	84	修建后规格
13		Bambusomultiplex（Lour.）Raeuschel.	丛竹				350	丛	43	40 枝以上每丛

续表

序号	图例	拉丁名称	植物名称	规格 /cm				单位	数量	备注
				地径	胸径	篷径	高度			
14		Cercischinensis Bunge	紫荆			150	250	株	18	5 分枝以　自然生长植株　枝形自然
15		Punicagranatum L.	石榴			100	150	株	21	自然生长　树形完整
16		Micheliafigo (lour.) Spreng.	含笑球			120	120	株	17	修剪后规格
17		Prunuspersica' Atropurpurea'	红叶碧桃	3 ~ 4		150	250	株	35	自然生长植株　枝形自然
18		Malusmicromolus Makino	西府海棠			120	150	株	7	自然生长植株　枝形自然
19		Musobasioo Sieb.et Zucc.	芭蕉				300	丛	28	5 根 / 丛
20		Cycasrevoluta Thunb.	苏铁				30 ~ 50	株	61	杆高　生长旺盛
21		Rhapisexcelso (Thumb.) Henryex Rehd.	棕竹			300 ~ 100	80 ~ 150	丛	31	修剪后规格
22		Yuccofilamentoso J.A.Small	丝兰			60	80	株	276	三头以上　植株生长健壮
23		Camelliaoleifera Abel	山茶			130	170	株	23	修剪后规格
24		Camelliaoleifera Abel	山茶			120	150	株	59	修剪后规格
25		Pittosporumtobira (Thunb.) Ait.	海桐球			120	120	株	59	修剪后规格
26		Citrusreticulata Blonco	柑橘			200	250	株	17	杆高　垂枝多而不偏冠
27		Rosacultivars Florbunda'	构骨			100	150	株	4	修剪后规格
28		Aucubajaponica' Variegata'	也门铁			80	80	丛	103	
29		Nandinodomestica Thunb.	吊兰					株	3	

图 4-3-8 小区局部乔木种植设计图

图 4-3-9 小区局部灌木种植设计图

（3）植物种类及名称、行距和株距尺寸、群栽位置范围、与建筑物、构筑物、道路或地上管线的距离尺寸、各类植物数量（列表或旁注）。

（4）建筑小品和美化构筑物的位置、场地建筑坐标（或与建筑物、构筑物的距离尺寸）、设计标高。

（5）指北针。

（6）如无绿化投资，可在总平面布置图上示意，不单独出图。此时总平面布置图和竖向设计图须分别绘制。

（7）说明栏内：尺寸单位、比例、图例、施工要求等。

（三）图示实例

图 4–3–8 为住宅小区中某 B 区的乔木种植图，表 4–3–3 为对应乔木统计表。图 4–3–9 为灌木种植图，表 4–3–4 为对应灌木统计表。

五、景观立面图、剖面图与详图

（一）作用

在与甲方沟通时，往往需要比平面图更能直观准确地显示更多的内容。在平面设计图中，除了使用阴影和层次外，没有其他更为清晰地显示垂直方向的设计细部及其与水平物体之间关系的方法。所以只有剖面图和立面图能达到这个目的，有时在景观设计中也把剖面图叫做断面图。它可强调各要素之间的空间关系；可显示平面中无法显示的设计内容及其大致尺度关系；可分析景观视野、研究地形地貌、显示景观资料及做环境条件分析；可展示立面设计细部结构。

（二）图示实例

图 4–3–10 为护栏施工详图；图 4–3–11 为跌水施工详图；图 4–3–12 为建筑小品凉亭施工详图。

六、给排水和电气施工图

景观工程除了土建、结构外还有给排水、电气等设备图。

景观给排水设计包括：设计施工说明、绿化给水平面图、雨水排水平面图、景观给排水系统平面图及各个水景景点的水系统图。

景观电气部分是对场地内用电系统的设计，内容包括：设计施工说明、电气系统图、照明电气平面图、动力电气平面图、灯具定位详图及灯具安装详图等。主要任务是：确定场地内各类用电负荷、解决电源问题、布置电力线网、选定最合理的供电方式。

景观设计师对这些工种的施工图也应有所了解，以便在具体设计中同其他专业工种设计有一个良好的配合。

1. 给排水施工图

图 4–3–13 为给排水总平面图实例。

2. 电气施工图

图 4–3–14 为电气总平面图，图 4–3–15 为电气设计总说明。

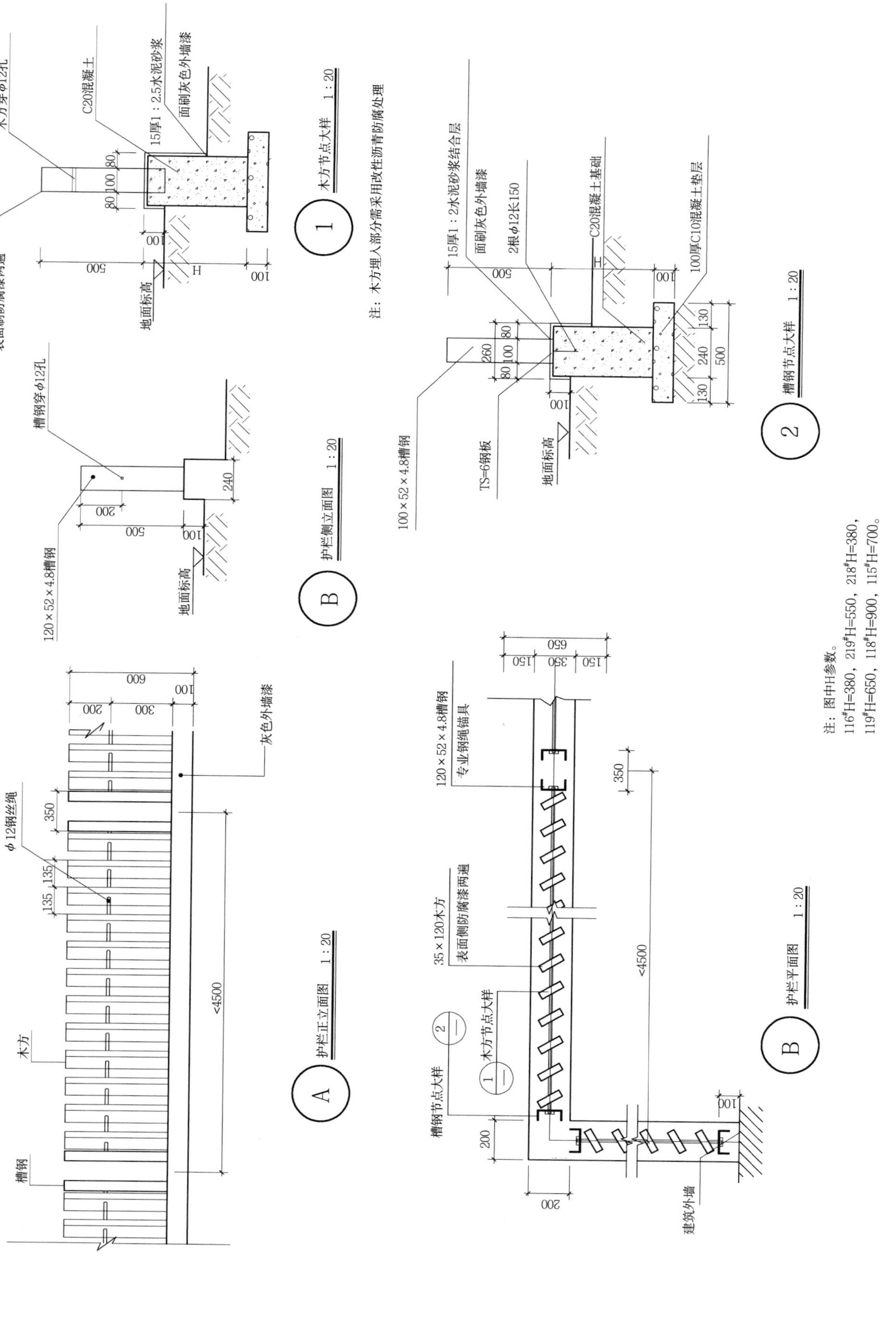

槽钢
木方
ϕ12钢丝绳
135 135 350
200 300 600 100
<4500
灰色外墙漆

A 护栏正立面图 1：20

120×52×4.8槽钢
槽钢穿ϕ12孔
200 500 100 240
地面标高

B 护栏侧立面图 1：20

35×120木方
表面刷防腐漆两遍
木方穿ϕ12孔
C20混凝土
80 100 80
500 100 H 100
地面标高
15厚1：2.5水泥砂浆
面刷灰色外墙漆

1 木方节点大样 1：20

注：木方埋入部分需采用改性沥青防腐处理

槽钢节点大样 2
35×120木方
表面侧防腐漆两遍
120×52×4.8槽钢
专业钢绳锚具
200
1 木方节点大样
200 150 350 150 650
350
<4500
建筑外墙
100

B 护栏平面图 1：20

100×52×4.8槽钢
15厚1：2水泥砂浆结合层
面刷灰色外墙漆
TS=6钢板
260
80 100 80
500
2根ϕ12长150
地面标高
100
C20混凝土基础
H
100
100厚C10混凝土垫层
130 240 130
500

2 槽钢节点大样 1：20

注：图中H参数。
$116^{\#}$H=380，$219^{\#}$H=550，$218^{\#}$H=380，
$119^{\#}$H=650，$118^{\#}$H=900，$115^{\#}$H=700。

图 4-3-10 护栏施工详图

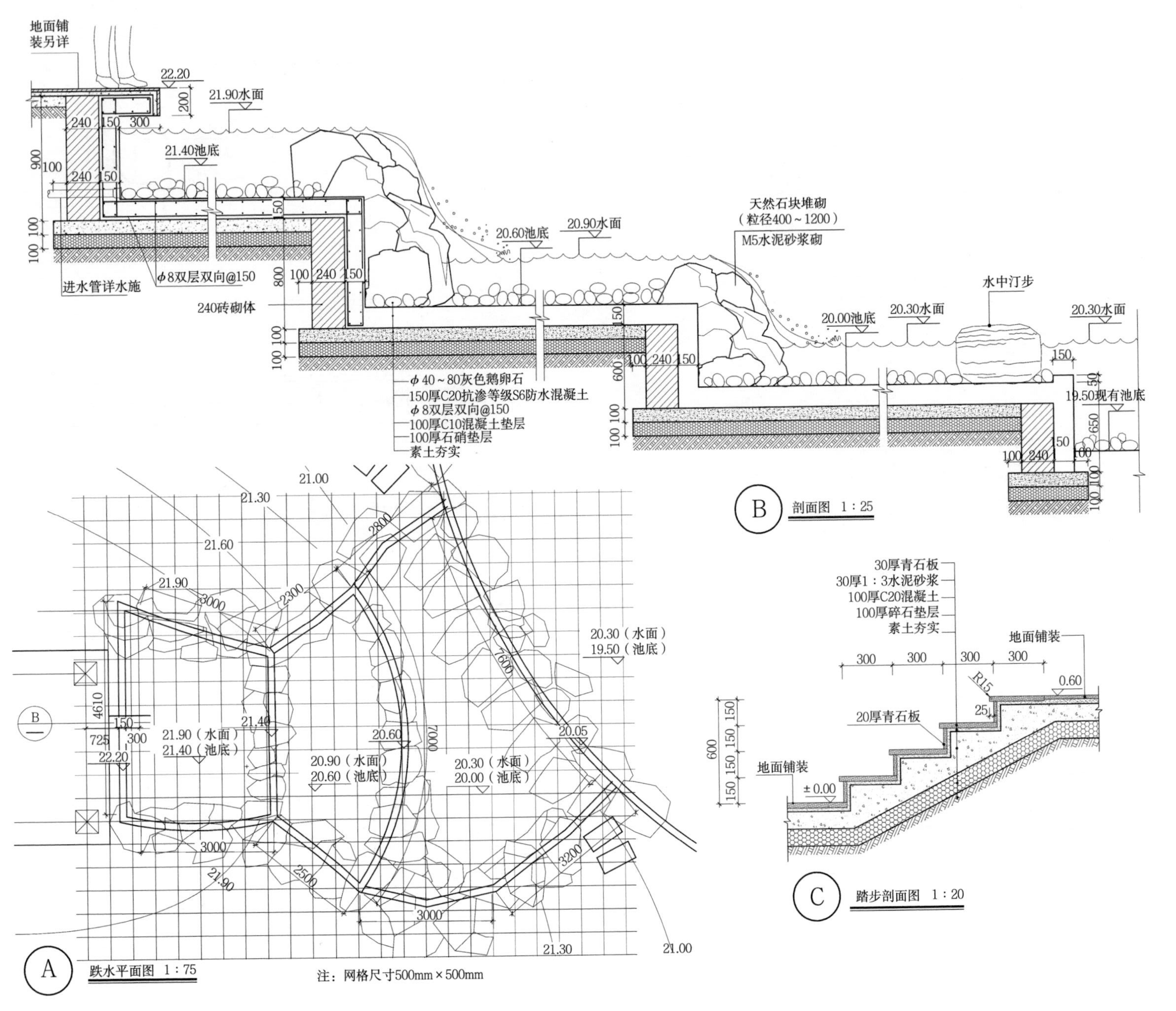

图 4-3-11 跌水施工详图

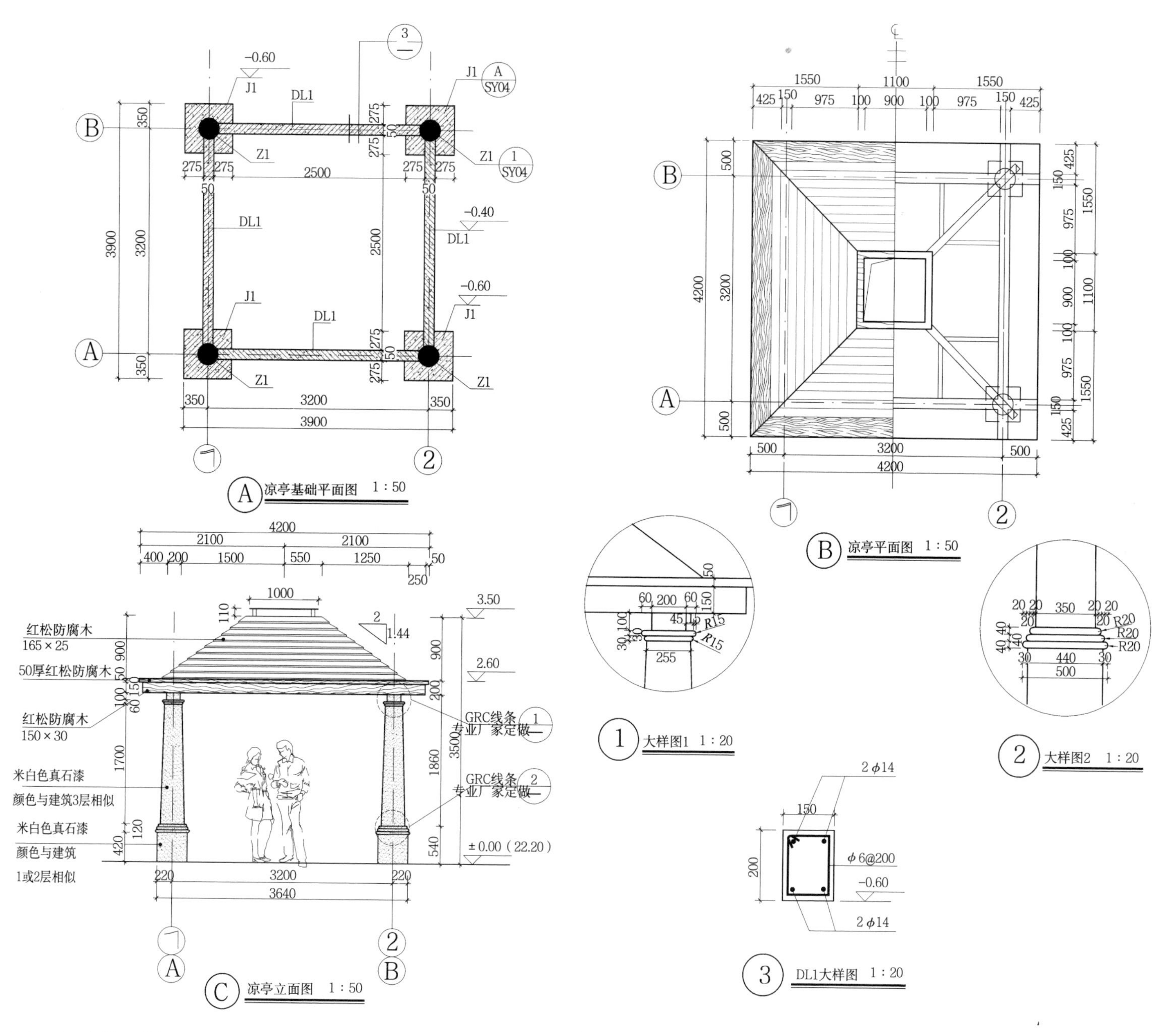

图 4-3-12 凉亭施工详图

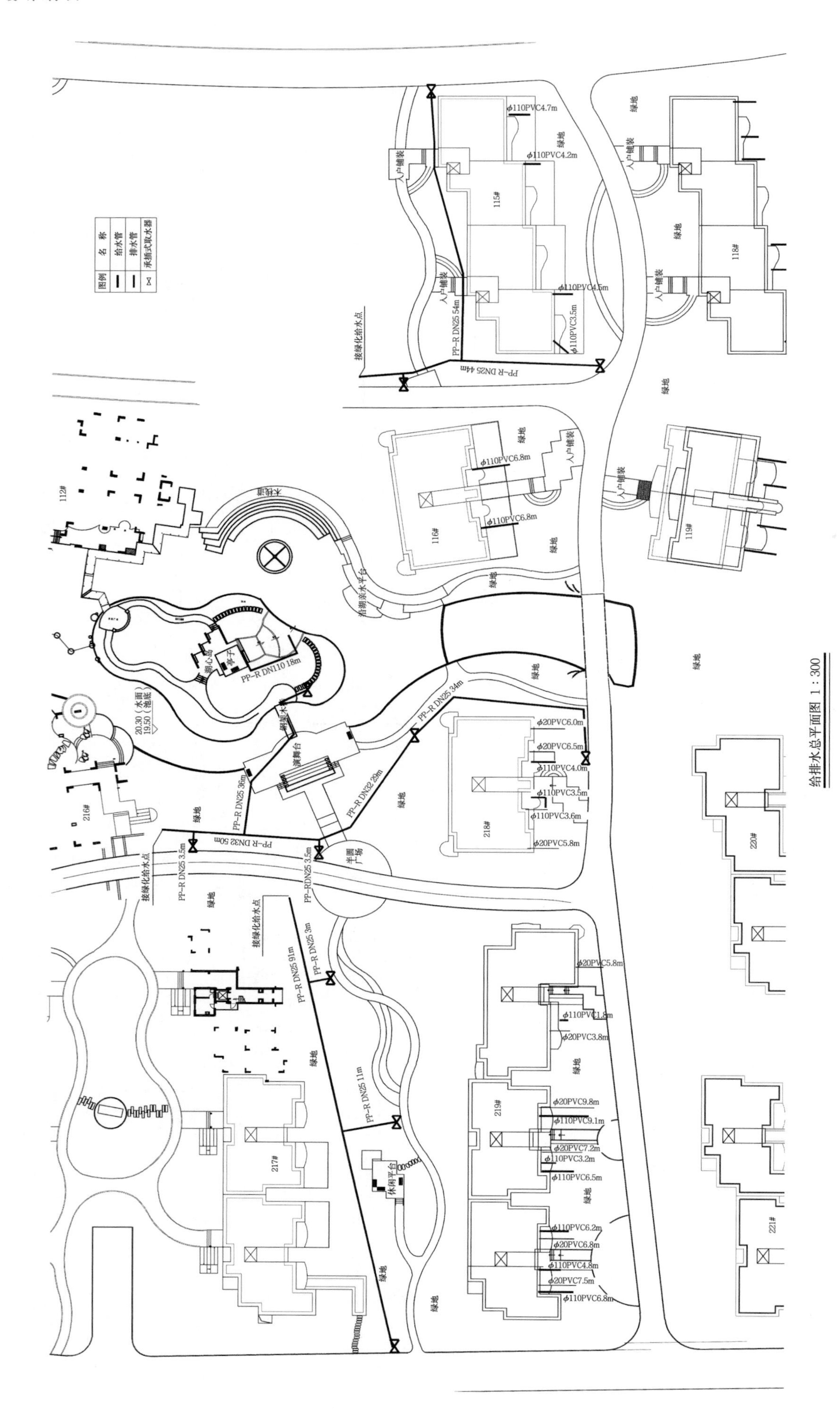

图 4-3-13 给排水总平面图

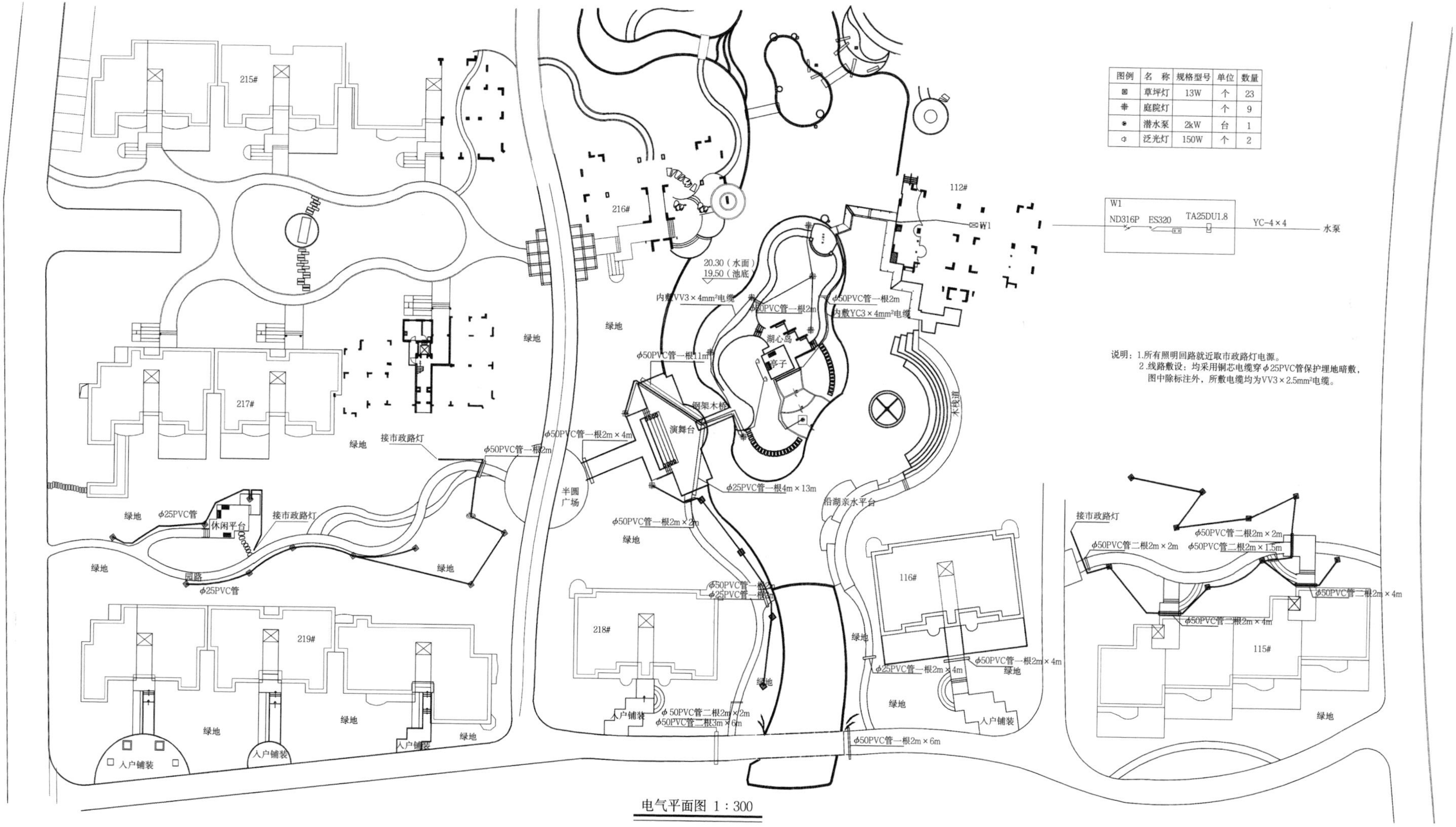
图例 | 名 称 | 规格型号 | 单位 | 数量
草坪灯 | 13W | 个 | 23
庭院灯 | | 个 | 9
潜水泵 | 2kW | 台 | 1
泛光灯 | 150W | 个 | 2
W1
ND316P ES320 TA25DU1.8 YC-4×4 水泵
说明：1.所有照明回路就近取市政路灯电源。
2.线路敷设：均采用铜芯电缆穿 φ25PVC管保护埋地暗敷，
图中除标注外，所敷电缆均为VV3×2.5mm²电缆。
20.30（水面）
19.50（池底）
湖心岛
亭子
演舞台
钢架木桥
半圆广场
沿湖亲水平台
休闲平台
接市政路灯
入户铺装
绿地
215#
216#
217#
218#
219#
112#
115#
116#
电气平面图 1：300

图 4-3-14　电气总平面图

小区供电系统
W22-1000（5×10）
B65
DZ25-63/4P
RT14-20\6微电脑时控开关

开关	线路	回路	说明
C47N-10/1P	W22-1000（3×4）	J1	（草坪灯15盏195W）
C47N-10/1P	W22-1000（3×4）	J2	（草坪灯19盏247W）
C47N-10/1P	W22-1000（3×4）	J3	（庭院小路灯11盏396W）
C47N-10/1P	W22-1000（3×4）	J4	（草坪灯12盏156W）
C47N-10/1P	W22-1000（3×4）	J5	（射灯4盏400W）
C47N-10/1P	W22-1000（3×4）	J6	（壁灯5盏300W）
C47N-10/1P	W22-1000（3×4）	J7	（造型柱灯2盏800W）
C47N-10/1P	W22-1000（3×4）	J8	（小型投光灯6盏1050W）
C47N-10/1P	W22-1000（3×4）	J9	（庭院小路灯10盏360W）
C47N-16/1P	W22-1000（3×4）	J10	地脚灯 8盏160W17盏1360W
C47N-16/1P		J11	备 用
C47N-16/1P		J12	备 用

景观配电箱1J

小区供电系统
W22-1000（5×16）
B85
DZ25-63/4P
RT14-20\6微电脑时控开关

开关	线路	回路	说明
C47N-10/1P	W22-1000（3×4）	J1	（草坪灯10盏130W）
C47N-10/1P	W22-1000（3×4）	J2	（草坪灯10盏130W）
C47N-10/1P	W22-1000（3×4）	J3	（庭院小路灯4盏144W）
DZ25-20/4P	W22-1000（3×4）	J4	水 泵 2.2kW
C47N-20/1P	W22-1000（3×4）	J5	（庭院灯13盏2275W）
C47N-10/1P	W22-1000（3×4）	J6	（庭院小路灯10盏360W）
C47N-10/1P	W22-1000（3×4）	J7	（草坪灯12盏156W）
C47N-10/1P	W22-1000（3×4）	J8	（地脚灯14盏280W）
C47N-10/1P	W42-1000（3×4）SC25	J9	（水下彩灯9盏720W）
C47N-10/1P	W22-1000（3×4）	J10	地埋灯12盏960W
C47N-10/1P	W22-1000（3×4）	J11	小型投光灯4盏700W
C47N-16/1P	W22-1000（3×4）	J12	（射灯12盏200W）
C47N-10/1P	W42-1000（3×4）	J13	（水下彩灯12盏960W）
C47N-10/1P	W22-1000（3×4）	J14	造型柱灯2盏800W
C47N-10/1P	W22-1000（3×4）	J15	地脚灯16盏320W
DZ25-20/4P	W42-1000（3×4）	J16	水 泵 2.2kW
C47N-16/1P		J17	备 用
C47N-16/1P		J18	备 用

景观配电箱2J

图例	名称	功率	光源种类	光色	安装方式
⊕	草坪灯	13W	紧凑型节能荧光灯	乳白色	0.5m
⊕	庭院灯	175W	金属卤化物	白色	4.5m
⊕	庭院小路灯	36W	节能灯	白色	3.0m
⊖	小型投光灯	175W	金属卤化物灯	白色	插于地面
⊗	水下彩灯	80W	卤钨灯	红黄蓝紫	水下
⊘	水泵	2.2kW	—	—	积水井
⊕	造型柱灯	400W	节能灯	白色	6m
⊕	草坪灯	13W	节能灯	白色	0.7m
⊗	射灯	100W	金属卤化物	白色	插于地面
⊗	地埋灯	80W	卤钨灯	红黄蓝紫	嵌入地面
⊕	地脚灯	20W	节能灯	白色	嵌入墙面
◑	壁灯	60W	白炽灯	乳白色	柱壁

灯座
预埋螺栓
接地线
C20混凝土
（400×400×600）
DN硬质塑料管

庭院灯基础详图

灯座
膨胀螺栓
接地线
C15混凝土
DN32硬质塑料管

草坪灯详图

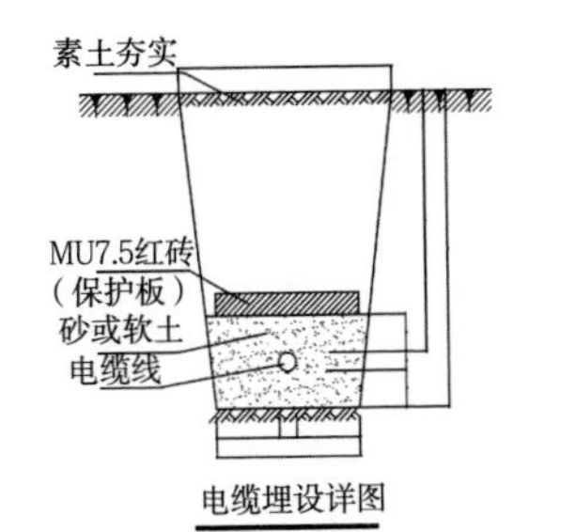

电缆埋设详图

设计说明：

1.本景观工程供电电源为380V/220V，配电箱为防水型配电箱。

2.接地形式采用TN-C-S系统，接地电阻<4欧姆工作零线与保护零线在系统中严格分开，零线与地线应在颜色加以区分。

3.所有电缆均采用VV22型凡电缆过硬质铺装部分，穿墙部分均应穿相应管径的SC管保护。其他部分直埋。

4.凡正常不带电因绝缘损坏时可能呈现电压者，如用电设备、灯具、配电箱的金属外壳、或底座、穿管的钢管及配电装置的金属构件等均应可靠接地。

5.本工程线路均为暗敷设，在土建施工阶段应对照本专业图纸所示路径按施工规范要求做好预埋。预留工作不得遗漏。

6.各种型号的灯具用电容量应严格控制在本设计所规定的范围内。花坛内投光灯用灯架安装0.3m高。

7.图中凡示注明的请严格按照《建筑电气安装工程施工验收规范》及国家建筑标准设计施工。

图 4-3-15 电气设计总说明

参考文献

[1] 谷康.园林制图与识图[M].南京：东南大学出版社，2001.

[2] 清华大学建筑系制图组.建筑制图与识图[M].北京：中国建筑工业出版社，1983.

[3] 朱福熙，何斌.建筑制图[M].北京：高等教育出版社，1982.

[4] 张绮曼，郑曙旸.室内设计资料集[M].北京：中国建筑工业出版社，1991.

[5] 钟训正.建筑画环境表现技法[M].北京：中国建筑工业出版社，1989.

[6] 武峰.CAD室内设计施工图常用图块3[M].北京：中国建筑工业出版社，2004.

[7] 叶铮.室内建筑工程制图[M].北京：中国建筑工业出版社，2004.

[8] 陈顺安.室内设计细部资料集（第1版）[M].北京：中国建筑工业出版社，2000.

[9] 丁圆.景观设计概论[M].北京：高等教育出版社，2008.

[10] 中国大百科全书编委会.中国大百科全书——建筑园林城市规划卷[M].北京：中国大百科全书出版社，1988.

[11] 同济大学组.一级注册建筑师考试教程[M].北京：中国建筑工业出版社，2000.

[12] 王朝熙.装饰工程手册[M].北京：中国建筑工业出版社，1994.

[13] （日）吉田辰夫，等.实用建筑装修手册[M].余荣汉，等，译.北京：中国建筑工业出版社，1991.

[14] 田学哲.建筑初步[M].北京：中国建筑工业出版社，1982.